# 2年

# 実力アップ
# 計算れんしゅうノート

けいさんりょく
## 計算力がぐんぐんのびる！

このふろくは
すべての教科書に対応した
全教科書版です。

| 年 | 組 | 名前 |
|---|---|---|
|  |  |  |

「計算れんしゅうノート」はとりはずして使用できます。

# 1 たし算 (1)

🐠 ひっ算で しましょう。

1つ6〔90点〕

① 35＋24

② 23＋42

③ 52＋16

④ 27＋31

⑤ 44＋55

⑥ 36＋12

⑦ 58＋40

⑧ 30＋65

⑨ 32＋7

⑩ 8＋41

⑪ 50＋30

⑫ 67＋22

⑬ 6＋53

⑭ 50＋3

⑮ 8＋40

🐧 れなさんは、25円の あめと 43円の ガムを 買います。
あわせて いくらですか。

1つ5〔10点〕

しき

答え (　　　　　　　　)

# 2 たし算 (2)

時間 20分

🐋 ひっ算で しましょう。

1つ6〔90点〕

① 45+38　　② 18+39　　③ 57+36

④ 37+59　　⑤ 25+18　　⑥ 67+25

⑦ 7+39　　⑧ 5+75　　⑨ 3+47

⑩ 9+66　　⑪ 13+39　　⑫ 48+17

⑬ 63+27　　⑭ 8+54　　⑮ 34+6

⭐ 山中小学校の 2年生は、2クラス あります。1組が 24人、2組が 27人です。2年生は、みんなで 何人ですか。

1つ5〔10点〕

しき

答え (　　　　　　　)

# 3 たし算 (3)

 時間 20分

とく点 /100点

ひっ算で　しましょう。

1つ6〔90点〕

① 26+48　② 19+32　③ 37+14

④ 46+38　⑤ 37+57　⑥ 25+39

⑦ 8+65　⑧ 24+36　⑨ 48+6

⑩ 8+62　⑪ 28+19　⑫ 33+48

⑬ 6+67　⑭ 36+27　⑮ 59+39

カードが　37まい　あります。友だちから　6まい
もらいました。ぜんぶで　何まいに　なりましたか。

1つ5〔10点〕

しき

答え（　　　　　）

# 4 ひき算 (1)

時間 20分

とく点

/100点

ひっ算で しましょう。

1つ6〔90点〕

① 65−13　　② 76−24　　③ 59−36

④ 88−42　　⑤ 47−31　　⑥ 38−12

⑦ 67−40　　⑧ 96−86　　⑨ 60−40

⑩ 50−20　　⑪ 78−73　　⑫ 93−90

⑬ 67−4　　⑭ 86−3　　⑮ 45−5

☆ ゆうとさんは、カードを 39まい もって います。弟に 15まい あげました。カードは 何まい のこって いますか。

しき

1つ5〔10点〕

答え (　　　　　　　)

5

# 5 ひき算 (2)

時間 20分

とく点 /100点

ひっ算で しましょう。

1つ6〔90点〕

① 63−45

② 54−19

③ 75−38

④ 42−29

⑤ 86−28

⑥ 97−59

⑦ 43−17

⑧ 80−47

⑨ 60−36

⑩ 41−36

⑪ 70−68

⑫ 61−8

⑬ 56−9

⑭ 90−3

⑮ 70−4

りほさんは、88ページの 本を 読んで います。今日までに、49ページ 読みました。のこりは 何ページですか。

1つ5〔10点〕

しき

答え (　　　　　　　)

# 6 ひき算 (3)

🐳 ひっ算で しましょう。　　　　　　　　1つ6〔90点〕

① 72−28　　　② 55−26　　　③ 81−45

④ 94−29　　　⑤ 66−18　　　⑥ 50−28

⑦ 90−51　　　⑧ 43−35　　　⑨ 55−49

⑩ 60−59　　　⑪ 34−9　　　⑫ 52−7

⑬ 40−4　　　⑭ 70−8　　　⑮ 60−7

⭐ はがきが 50まい ありました。32まい つかいました。
のこりは 何まいに なりましたか。　　　　　　1つ5〔10点〕

しき

答え (　　　　　　　)

# 7 大きい　数の　計算 (1)

🐠 計算を　しましょう。

1つ6〔90点〕

① 50+80

② 30+90

③ 70+80

④ 90+20

⑤ 60+60

⑥ 80+60

⑦ 70+70

⑧ 120-40

⑨ 110-80

⑩ 140-60

⑪ 160-80

⑫ 130-70

⑬ 180-90

⑭ 150-70

⑮ 170-80

🐧 青い　色紙が　80まい、赤い　色紙が　40まい　あります。
あわせて　何まい　ありますか。

1つ5〔10点〕

しき

答え (　　　　　　)

8

# 8 大きい　数の　計算 (2)

とく点

/100点

計算を　しましょう。

1つ6〔90点〕

① 300＋500　　② 600＋300　　③ 200＋400

④ 600－400　　⑤ 800－200　　⑥ 700－500

⑦ 400＋30　　⑧ 500＋60　　⑨ 900＋20

⑩ 700＋3　　⑪ 260－60　　⑫ 420－20

⑬ 630－30　　⑭ 403－3　　⑮ 706－6

★ 400円の　色えんぴつと、60円の　けしゴムを　買います。
あわせて　いくらですか。

1つ5〔10点〕

しき

答え（　　　　　　　）

# 9 水の かさ

🐟 □に あてはまる 数を 書きましょう。　　　　1つ5〔40点〕

① 1L =｜　　　｜dL

② 1L =｜　　　　　｜mL

③ 1dL =｜　　　　｜mL

④ 8L =｜　　　　｜dL

⑤ 300mL =｜　　｜dL

⑥ 5dL =｜　　　　｜mL

⑦ 21dL =｜　　｜L 1dL

⑧ 70dL =｜　　｜L

🐧 計算を しましょう。　　　　1つ10〔60点〕

⑨ 3L4dL+2L

⑩ 1L3dL+5dL

⑪ 2L9dL−6dL

⑫ 6L4dL−6L

⑬ 1L8dL+5dL

⑭ 2L2dL−7dL

# 10 計算の　くふう

時間 20分

とく点

/100点

▲ くふうして　計算しましょう。

1つ6〔90点〕

① 7+11+9　　② 8+21+9　　③ 23+15+7

④ 37+16+4　　⑤ 7+48+13　　⑥ 4+49+6

⑦ 26+45+4　　⑧ 15+47+5　　⑨ 21+16+19

⑩ 15+38+15　　⑪ 29+12+28　　⑫ 48+25+5

⑬ 15+36+25　　⑭ 27+48+13　　⑮ 12+27+18

★ 赤い　リボンが　14本、青い　リボンが　28本　あります。
お姉さんから　リボンを　16本　もらいました。リボンは
あわせて　何本に　なりましたか。

1つ5〔10点〕

しき

答え（　　　　　　　　）

# 11 3けたの　たし算(1)

🐠 ひっ算で　しましょう。

1つ6〔90点〕

① 74+63

② 36+92

③ 70+88

④ 56+61

⑤ 87+64

⑥ 48+95

⑦ 63+88

⑧ 55+66

⑨ 73+58

⑩ 97+36

⑪ 49+75

⑫ 67+49

⑬ 86+48

⑭ 58+66

⑮ 35+87

🐧 玉入れを　しました。赤組が　67こ、白組が　72こ　入れました。
あわせて　何こ　入れましたか。

1つ5〔10点〕

しき

答え（　　　　　　　）

# 12 3けたの たし算 (2)

🐋 ひっ算で しましょう。

1つ6〔90点〕

① 43+77　　② 92+98　　③ 87+33

④ 58+62　　⑤ 36+65　　⑥ 56+48

⑦ 65+39　　⑧ 47+58　　⑨ 13+87

⑩ 16+84　　⑪ 75+25　　⑫ 97+8

⑬ 6+98　　⑭ 96+4　　⑮ 2+98

⭐ りくとさんは、65円の けしゴムと 38円の えんぴつを 買います。あわせて いくらですか。

1つ5〔10点〕

しき

答え (　　　　　　)

# 13 3けたの　たし算 (3)

とく点

時間 20分

/100点

🐠 ひっ算で　しましょう。

1つ6〔90点〕

① 324＋35　　② 413＋62　　③ 54＋213

④ 530＋47　　⑤ 26＋342　　⑥ 47＋151

⑦ 436＋29　　⑧ 513＋68　　⑨ 79＋304

⑩ 403＋88　　⑪ 103＋37　　⑫ 66＋204

⑬ 683＋9　　⑭ 8＋235　　⑮ 407＋3

🐧 425円の　クッキーと、68円の　チョコレートを　買います。
あわせて　いくらですか。

1つ5〔10点〕

しき

答え（　　　　　　　）

# 14 3けたの ひき算 (1)

とく点

/100点

🐚 ひっ算で しましょう。

1つ6〔90点〕

① 146−73　　② 167−84　　③ 163−91

④ 118−38　　⑤ 162−71　　⑥ 136−65

⑦ 107−54　　⑧ 105−32　　⑨ 103−63

⑩ 124−39　　⑪ 156−89　　⑫ 143−68

⑬ 162−73　　⑭ 133−57　　⑮ 151−94

★ そらさんは、144ページの 本を 読んで います。今日までに、68ページ 読みました。のこりは 何ページですか。

1つ5〔10点〕

しき

答え (　　　　　　　)

# 15 3けたの　ひき算⑵

🐠 ひっ算で　しましょう。

1つ6〔90点〕

① 123−29　　② 165−68　　③ 173−76

④ 152−57　　⑤ 133−35　　⑥ 140−43

⑦ 103−56　　⑧ 105−79　　⑨ 107−29

⑩ 104−68　　⑪ 103−8　　⑫ 100−7

⑬ 102−6　　⑭ 101−3　　⑮ 107−8

🐧 あおいさんは、シールを　103まい　もって　います。弟に
25まい　あげました。シールは　何まい　のこって　いますか。

しき

1つ5〔10点〕

答え（　　　　　　　）

 ひっ算で しましょう。

1つ6〔90点〕

① 358−26

② 437−14

③ 583−32

④ 463−27

⑤ 684−58

⑥ 942−24

⑦ 745−19

⑧ 534−28

⑨ 453−47

⑩ 372−65

⑪ 435−7

⑫ 364−9

⑬ 732−4

⑭ 513−6

⑮ 914−8

★ 画用紙が 215まい あります。今日 8まい つかいました。
のこった 画用紙は 何まいですか。

1つ5〔10点〕

しき

答え (　　　　　　　　)

とく点

時間 **20**分

/100点

# 17 かけ算九九 (1)

 かけ算を　しましょう。

1つ6〔90点〕

① 5×4　　　② 2×8　　　③ 5×1

④ 5×3　　　⑤ 5×5　　　⑥ 2×7

⑦ 2×6　　　⑧ 2×4　　　⑨ 5×6

⑩ 2×5　　　⑪ 5×7　　　⑫ 2×9

⑬ 5×9　　　⑭ 2×2　　　⑮ 5×8

🐧 おかしが　5こずつ　入った　はこが、2はこ　あります。
おかしは　ぜんぶで　何こ　ありますか。

1つ5〔10点〕

しき

答え (　　　　　　　)

# 18 かけ算九九 (2)

時間 20分

とく点

/100点

🐳 かけ算を しましょう。

1つ6〔90点〕

① 3×6　　② 4×8　　③ 3×8

④ 4×2　　⑤ 3×9　　⑥ 4×4

⑦ 4×7　　⑧ 3×7　　⑨ 3×5

⑩ 3×1　　⑪ 4×6　　⑫ 4×3

⑬ 4×5　　⑭ 3×3　　⑮ 4×9

★ 長いすが 4つ あります。1つの 長いすに 3人ずつ すわります。みんなで 何人 すわれますか。

1つ5〔10点〕

しき

答え（　　　　　　　）

# 19 かけ算九九（3）

時間 20分

とく点

/100点

かけ算を　しましょう。

1つ6〔90点〕

① 6×5

② 6×1

③ 6×4

④ 7×9

⑤ 6×8

⑥ 7×3

⑦ 7×5

⑧ 7×2

⑨ 6×7

⑩ 6×6

⑪ 7×8

⑫ 6×9

⑬ 7×4

⑭ 6×3

⑮ 7×7

カードを　1人に　7まいずつ、6人に　くばります。カードは
何まい　いりますか。

1つ5〔10点〕

しき

答え（　　　　　　　）

# 20 かけ算九九 (4)

時間 20分

とく点

/100点

🐋 かけ算を しましょう。

1つ6〔90点〕

① 8×7　　　② 9×5　　　③ 8×2

④ 9×3　　　⑤ 9×4　　　⑥ 1×6

⑦ 1×7　　　⑧ 8×8　　　⑨ 9×9

⑩ 8×4　　　⑪ 9×6　　　⑫ 8×9

⑬ 8×6　　　⑭ 1×9　　　⑮ 9×7

⭐ えんぴつを 1人に 9本ずつ、8人に くばります。
えんぴつは 何本 いりますか。

1つ5〔10点〕

しき

答え (　　　　　　　　　)

# 21 かけ算九九 (5)

 時間 20分

🐠 かけ算を しましょう。

1つ6〔90点〕

① 3×8

② 8×5

③ 1×5

④ 6×6

⑤ 4×9

⑥ 2×6

⑦ 7×4

⑧ 5×2

⑨ 8×9

⑩ 5×8

⑪ 9×6

⑫ 3×6

⑬ 7×3

⑭ 4×3

⑮ 8×7

🐧 1はこ 6こ入りの チョコレートが 7はこ あります。
チョコレートは 何こ ありますか。

1つ5〔10点〕

しき

答え (　　　　　　　)

# 22 かけ算九九 (6)

🐳 かけ算を　しましょう。

1つ6〔90点〕

① 6×3

② 4×6

③ 8×6

④ 3×7

⑤ 7×7

⑥ 5×3

⑦ 1×6

⑧ 9×5

⑨ 6×9

⑩ 8×8

⑪ 4×7

⑫ 2×7

⑬ 7×1

⑭ 5×6

⑮ 9×3

⭐ お楽しみ会で、1人に　おかしを　2こと、ジュースを　1本
くばります。8人分では、おかしと　ジュースは、それぞれ
いくつ　いりますか。

1つ5〔10点〕

しき

答え ( おかし…　　　、ジュース…　　　　　)

# 23 かけ算九九 (7)

時間 **20**分

とく点

/100点

かけ算を　しましょう。

1つ6〔90点〕

① 4×4　　　② 7×5　　　③ 2×3

④ 9×4　　　⑤ 7×9　　　⑥ 5×5

⑦ 3×4　　　⑧ 8×3　　　⑨ 6×2

⑩ 4×8　　　⑪ 9×7　　　⑫ 1×4

⑬ 5×7　　　⑭ 3×9　　　⑮ 6×8

 1週間は　7日です。6週間は　何日ですか。

1つ5〔10点〕

しき

答え (　　　　　　)

24

# 24 1000より 大きい 数

とく点

／100点

🐳 □に あてはまる 数を 書きましょう。　　1つ10〔60点〕

① 1000を 6こ、100を 2こ、1を 9こ あわせた 数は、

□ です。

② 7035は、1000を □ こ、10を □ こ、1を □ こ

あわせた 数です。　（ぜんぶ できて 10点）

③ 千のくらいが 4、百のくらいが 7、十のくらいが 2、

一のくらいが 8の 数は、□ です。

④ 100を 39こ あつめた 数は、□ です。

⑤ 8000は、100を □ こ あつめた 数です。

⑥ 1000を 10こ あつめた 数は、□ です。

⭐ □に あてはまる ＞、＜を 書きましょう。　1つ10〔40点〕

⑦ 7000 □ 6990

⑧ 4078 □ 4089

⑨ 9609 □ 9613

⑩ 7359 □ 7357

25

# 25 大きい 数の 計算 (3)

🐠 計算を しましょう。　　　　　　　　　　　　　1つ6〔90点〕

① 700＋500　　② 800＋600　　③ 400＋800

④ 900＋400　　⑤ 500＋600　　⑥ 800＋800

⑦ 700＋600　　⑧ 200＋900　　⑨ 900＋300

⑩ 1000−500　　⑪ 1000−800　　⑫ 1000−400

⑬ 1000−300　　⑭ 1000−600　　⑮ 1000−900

🐧 700円の 絵のぐを 買います。1000円さつで はらうと、
おつりは いくらですか。　　　　　　　　　　　　1つ5〔10点〕

しき

答え (　　　　　　　　　)

# 26 長さ

とく点

/100点

🐳 □に　あてはまる　数を　書きましょう。　　　　　1つ5〔50点〕

① 2cm = ⬚ mm

② 4m = ⬚ cm

③ 80mm = ⬚ cm

④ 200cm = ⬚ m

⑤ 32mm = ⬚ cm ⬚ mm

⑥ 260cm = ⬚ m ⬚ cm

⑦ 402cm = ⬚ m ⬚ cm

⑧ 1m50cm = ⬚ cm

⑨ 3m42cm = ⬚ cm

⑩ 8cm5mm = ⬚ mm

⭐ 計算を　しましょう。　　　　　1つ10〔50点〕

⑪ 5cm6mm + 7cm

⑫ 2m50cm + 4m

⑬ 8cm2mm + 7mm

⑭ 6cm8mm − 5cm

⑮ 7m21cm − 17cm

27

# 27 2年の まとめ(1)

時間 20 分

とく点

/100点

🐟 計算を しましょう。

1つ6〔54点〕

① 24+14

② 38+58

③ 75+46

④ 27+83

⑤ 400+80

⑥ 87-50

⑦ 66-28

⑧ 104-79

⑨ 235-23

🐧 かけ算を しましょう。

1つ6〔36点〕

⑩ 5×3

⑪ 7×8

⑫ 1×9

⑬ 3×4

⑭ 6×5

⑮ 8×4

🐋 リボンが 52本 ありました。かざりを 作るのに 何本か つかったので、のこりが 35本に なりました。リボンを 何本 つかいましたか。

1つ5〔10点〕

しき

答え (　　　　　　　　)

# 28 2年の まとめ(2)

とく点

/100点

⭐ 計算を しましょう。

1つ6〔54点〕

① 19+39

② 26+34

③ 37+86

④ 98+8

⑤ 72−25

⑥ 60−33

⑦ 106−9

⑧ 256−53

⑨ 1000−200

🐠 かけ算を しましょう。

1つ6〔36点〕

⑩ 7×5

⑪ 4×8

⑫ 3×7

⑬ 9×6

⑭ 2×9

⑮ 6×8

🐧 1はこ 4こ入りの ケーキが 6はこ あります。ケーキを
5こ たべると、のこりは 何こですか。

1つ5〔10点〕

しき

答え（　　　　　　　）

# 答え

**1**
- ① 59　② 65　③ 68
- ④ 58　⑤ 99　⑥ 48
- ⑦ 98　⑧ 95　⑨ 39
- ⑩ 49　⑪ 80　⑫ 89
- ⑬ 59　⑭ 53　⑮ 48
- しき 25＋43＝68　　答え 68円

**2**
- ① 83　② 57　③ 93
- ④ 96　⑤ 43　⑥ 92
- ⑦ 46　⑧ 80　⑨ 50
- ⑩ 75　⑪ 52　⑫ 65
- ⑬ 90　⑭ 62　⑮ 40
- しき 24＋27＝51　　答え 51人

**3**
- ① 74　② 51　③ 51
- ④ 84　⑤ 94　⑥ 64
- ⑦ 73　⑧ 60　⑨ 54
- ⑩ 70　⑪ 47　⑫ 81
- ⑬ 73　⑭ 63　⑮ 98
- しき 37＋6＝43　　答え 43まい

**4**
- ① 52　② 52　③ 23
- ④ 46　⑤ 16　⑥ 26
- ⑦ 27　⑧ 10　⑨ 20
- ⑩ 30　⑪ 5　⑫ 3
- ⑬ 63　⑭ 83　⑮ 40
- しき 39－15＝24　　答え 24まい

**5**
- ① 18　② 35　③ 37
- ④ 13　⑤ 58　⑥ 38
- ⑦ 26　⑧ 33　⑨ 24
- ⑩ 5　⑪ 2　⑫ 53
- ⑬ 47　⑭ 87　⑮ 66
- しき 88－49＝39　　答え 39ページ

**6**
- ① 44　② 29　③ 36
- ④ 65　⑤ 48　⑥ 22
- ⑦ 39　⑧ 8　⑨ 6
- ⑩ 1　⑪ 25　⑫ 45
- ⑬ 36　⑭ 62　⑮ 53
- しき 50－32＝18　　答え 18まい

**7**
- ① 130　② 120　③ 150
- ④ 110　⑤ 120　⑥ 140
- ⑦ 140　⑧ 80　⑨ 30
- ⑩ 80　⑪ 80　⑫ 60
- ⑬ 90　⑭ 80　⑮ 90
- しき 80＋40＝120　　答え 120まい

**8**
- ① 800　② 900　③ 600
- ④ 200　⑤ 600　⑥ 200
- ⑦ 430　⑧ 560　⑨ 920
- ⑩ 703　⑪ 200　⑫ 400
- ⑬ 600　⑭ 400　⑮ 700
- しき 400＋60＝460　　答え 460円

**9**
- ① 1L＝[10]dL　② 1L＝[1000]mL
- ③ 1dL＝[100]mL　④ 8L＝[80]dL
- ⑤ 300mL＝[3]dL　⑥ 5dL＝[500]mL
- ⑦ 21dL＝[2]L1dL　⑧ 70dL＝[7]L
- ⑨ 5L4dL　⑩ 1L8dL
- ⑪ 2L3dL　⑫ 4dL
- ⑬ 2L3dL　⑭ 1L5dL

**10**
- ① 27　② 38　③ 45
- ④ 57　⑤ 68　⑥ 59
- ⑦ 75　⑧ 67　⑨ 56
- ⑩ 68　⑪ 69　⑫ 78
- ⑬ 76　⑭ 88　⑮ 57
- しき 14＋28＋16＝58　　答え 58本

**11**　① 137　② 128　③ 158
④ 117　⑤ 151　⑥ 143
⑦ 151　⑧ 121　⑨ 131
⑩ 133　⑪ 124　⑫ 116
⑬ 134　⑭ 124　⑮ 122
しき 67＋72＝139　　答え 139 こ

**12**　① 120　② 190　③ 120
④ 120　⑤ 101　⑥ 104
⑦ 104　⑧ 105　⑨ 100
⑩ 100　⑪ 100　⑫ 105
⑬ 104　⑭ 100　⑮ 100
しき 65＋38＝103　　答え 103 円

**13**　① 359　② 475　③ 267
④ 577　⑤ 368　⑥ 198
⑦ 465　⑧ 581　⑨ 383
⑩ 491　⑪ 140　⑫ 270
⑬ 692　⑭ 243　⑮ 410
しき 425＋68＝493　　答え 493 円

**14**　① 73　② 83　③ 72
④ 80　⑤ 91　⑥ 71
⑦ 53　⑧ 73　⑨ 40
⑩ 85　⑪ 67　⑫ 75
⑬ 89　⑭ 76　⑮ 57
しき 144－68＝76　　答え 76 ページ

**15**　① 94　② 97　③ 97
④ 95　⑤ 98　⑥ 97
⑦ 47　⑧ 26　⑨ 78
⑩ 36　⑪ 95　⑫ 93
⑬ 96　⑭ 98　⑮ 99
しき 103－25＝78　　答え 78 まい

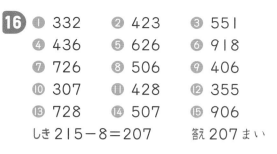

**16**　① 332　② 423　③ 551
④ 436　⑤ 626　⑥ 918
⑦ 726　⑧ 506　⑨ 406
⑩ 307　⑪ 428　⑫ 355
⑬ 728　⑭ 507　⑮ 906
しき 215－8＝207　　答え 207 まい

**17**　① 20　② 16　③ 5
④ 15　⑤ 25　⑥ 14
⑦ 12　⑧ 8　⑨ 30
⑩ 10　⑪ 35　⑫ 18
⑬ 45　⑭ 4　⑮ 40
しき 5×2＝10　　答え 10 こ

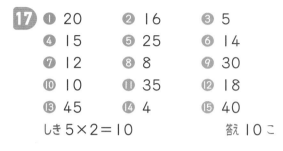

**18**　① 18　② 32　③ 24
④ 8　⑤ 27　⑥ 16
⑦ 28　⑧ 21　⑨ 15
⑩ 3　⑪ 24　⑫ 12
⑬ 20　⑭ 9　⑮ 36
しき 3×4＝12　　答え 12 人

**19**　① 30　② 6　③ 24
④ 63　⑤ 48　⑥ 21
⑦ 35　⑧ 14　⑨ 42
⑩ 36　⑪ 56　⑫ 54
⑬ 28　⑭ 18　⑮ 49
しき 7×6＝42　　答え 42 まい

**20**　① 56　② 45　③ 16
④ 27　⑤ 36　⑥ 6
⑦ 7　⑧ 64　⑨ 81
⑩ 32　⑪ 54　⑫ 72
⑬ 48　⑭ 9　⑮ 63
しき 9×8＝72　　答え 72 本

**21**
① 24　② 40　③ 5
④ 36　⑤ 36　⑥ 12
⑦ 28　⑧ 10　⑨ 72
⑩ 40　⑪ 54　⑫ 18
⑬ 21　⑭ 12　⑮ 56
しき 6×7=42　　　答え 42こ

**22**
① 18　② 24　③ 48
④ 21　⑤ 49　⑥ 15
⑦ 6　⑧ 45　⑨ 54
⑩ 64　⑪ 28　⑫ 14
⑬ 7　⑭ 30　⑮ 27
しき 2×8=16　　1×8=8
　　　答え おかし…16こ、ジュース…8本

**23**
① 16　② 35　③ 6
④ 36　⑤ 63　⑥ 25
⑦ 12　⑧ 24　⑨ 12
⑩ 32　⑪ 63　⑫ 4
⑬ 35　⑭ 27　⑮ 48
しき 7×6=42　　　答え 42日

**24**
① 1000を 6こ、100を 2こ、1を
　9こ あわせた 数は、6209 です。
② 7035は、1000を 7 こ、10を
　3 こ、1を 5 こ あわせた 数です。
③ 千のくらいが 4、百のくらいが 7、
　十のくらいが 2、一のくらいが
　8の 数は、4728 です。
④ 100を 39こ あつめた 数は、
　3900 です。
⑤ 8000は、100を 80 こ
　あつめた 数です。
⑥ 1000を 10こ あつめた 数は、
　10000 です。
⑦ 7000 ＞ 6990
⑧ 4078 ＜ 4089
⑨ 9609 ＜ 9613
⑩ 7359 ＞ 7357

**25**
① 1200　② 1400　③ 1200
④ 1300　⑤ 1100　⑥ 1600
⑦ 1300　⑧ 1100　⑨ 1200
⑩ 500　⑪ 200　⑫ 600
⑬ 700　⑭ 400　⑮ 100
しき 1000−700=300　　答え 300円

**26**
① 2cm= 20 mm　② 4m= 400 cm
③ 80mm= 8 cm　④ 200cm= 2 m
⑤ 32mm= 3 cm 2 mm
⑥ 260cm= 2 m 60 cm
⑦ 402cm= 4 m 2 cm
⑧ 1m50cm= 150 cm
⑨ 3m42cm= 342 cm
⑩ 8cm5mm= 85 mm
⑪ 12cm6mm　⑫ 6m50cm
⑬ 8cm9mm　⑭ 1cm8mm
⑮ 7m4cm

**27**
① 38　② 96　③ 121
④ 110　⑤ 480　⑥ 37
⑦ 38　⑧ 25　⑨ 212
⑩ 15　⑪ 56　⑫ 9
⑬ 12　⑭ 30　⑮ 32
しき 52−35=17　　　答え 17本

**28**
① 58　② 60　③ 123
④ 106　⑤ 47　⑥ 27
⑦ 97　⑧ 203　⑨ 800
⑩ 35　⑪ 32　⑫ 21
⑬ 54　⑭ 18　⑮ 48
しき 4×6=24　24−5=19
　　　　答え 19こ

「小学教科書ワーク・
数と計算」で、
さらに れんしゅうしよう！

32

# わくわくシール

★１日の学習がおわったら、チャレンジシールをはろう。
★実力はんていテストがおわったら、まんてんシールをはろう。

## まんてんシール

## チャレンジシール

| 1のだん  | 2のだん | 3のだん  | 4のだん  | 5のだん  | 6のだん  | 7のだん | 8のだん | 9のだん  |
|---|---|---|---|---|---|---|---|---|
| $1 \times 1 = 1$<br>いんいち いち<br>（一一が 1） | $2 \times 1 = 2$<br>に いち に<br>（二一が 2） | $3 \times 1 = 3$<br>さん いち さん<br>（三一が 3） | $4 \times 1 = 4$<br>し いち し<br>（四一が 4） | $5 \times 1 = 5$<br>ご いち ご<br>（五一が 5） | $6 \times 1 = 6$<br>ろく いち ろく<br>（六一が 6） | $7 \times 1 = 7$<br>しち いち しち<br>（七一が 7） | $8 \times 1 = 8$<br>はち いち はち<br>（八一が 8） | $9 \times 1 = 9$<br>く いち く<br>（九一が 9） |
| $1 \times 2 = 2$<br>いん に に<br>（一二が 2） | $2 \times 2 = 4$<br>に にん し<br>（二二が 4） | $3 \times 2 = 6$<br>さん に ろく<br>（三二が 6） | $4 \times 2 = 8$<br>し に はち<br>（四二が 8） | $5 \times 2 = 10$<br>ご に じゅう<br>（五二 10） | $6 \times 2 = 12$<br>ろく に じゅうに<br>（六二 12） | $7 \times 2 = 14$<br>しち に じゅうし<br>（七二 14） | $8 \times 2 = 16$<br>はち に じゅうろく<br>（八二 16） | $9 \times 2 = 18$<br>く に じゅうはち<br>（九二 18） |
| $1 \times 3 = 3$<br>いん さん さん<br>（一三が 3） | $2 \times 3 = 6$<br>に さん ろく<br>（二三が 6） | $3 \times 3 = 9$<br>さ ざん く<br>（三三が 9） | $4 \times 3 = 12$<br>し さん じゅうに<br>（四三 12） | $5 \times 3 = 15$<br>ご さん じゅうご<br>（五三 15） | $6 \times 3 = 18$<br>ろく さん じゅうはち<br>（六三 18） | $7 \times 3 = 21$<br>しち さん にじゅういち<br>（七三 21） | $8 \times 3 = 24$<br>はち さん にじゅうし<br>（八三 24） | $9 \times 3 = 27$<br>く さん にじゅうしち<br>（九三 27） |
| $1 \times 4 = 4$<br>いん し し<br>（一四が 4） | $2 \times 4 = 8$<br>に し はち<br>（二四が 8） | $3 \times 4 = 12$<br>さん し じゅうに<br>（三四 12） | $4 \times 4 = 16$<br>し し じゅうろく<br>（四四 16） | $5 \times 4 = 20$<br>ご し にじゅう<br>（五四 20） | $6 \times 4 = 24$<br>ろく し にじゅうし<br>（六四 24） | $7 \times 4 = 28$<br>しち し にじゅうはち<br>（七四 28） | $8 \times 4 = 32$<br>はち し さんじゅうに<br>（八四 32） | $9 \times 4 = 36$<br>く し さんじゅうろく<br>（九四 36） |
| $1 \times 5 = 5$<br>いん ご ご<br>（一五が 5） | $2 \times 5 = 10$<br>に ご じゅう<br>（二五 10） | $3 \times 5 = 15$<br>さん ご じゅうご<br>（三五 15） | $4 \times 5 = 20$<br>し ご にじゅう<br>（四五 20） | $5 \times 5 = 25$<br>ご ご にじゅうご<br>（五五 25） | $6 \times 5 = 30$<br>ろく ご さんじゅう<br>（六五 30） | $7 \times 5 = 35$<br>しち ご さんじゅうご<br>（七五 35） | $8 \times 5 = 40$<br>はち ご しじゅう<br>（八五 40） | $9 \times 5 = 45$<br>く ご しじゅうご<br>（九五 45） |
| $1 \times 6 = 6$<br>いん ろく ろく<br>（一六が 6） | $2 \times 6 = 12$<br>に ろく じゅうに<br>（二六 12） | $3 \times 6 = 18$<br>さぶ ろく じゅうはち<br>（三六 18） | $4 \times 6 = 24$<br>し ろく にじゅうし<br>（四六 24） | $5 \times 6 = 30$<br>ご ろく さんじゅう<br>（五六 30） | $6 \times 6 = 36$<br>ろく ろく さんじゅうろく<br>（六六 36） | $7 \times 6 = 42$<br>しち ろく しじゅうに<br>（七六 42） | $8 \times 6 = 48$<br>はち ろく しじゅうはち<br>（八六 48） | $9 \times 6 = 54$<br>く ろく ごじゅうし<br>（九六 54） |
| $1 \times 7 = 7$<br>いん しち しち<br>（一七が 7） | $2 \times 7 = 14$<br>に しち じゅうし<br>（二七 14） | $3 \times 7 = 21$<br>さん しち にじゅういち<br>（三七 21） | $4 \times 7 = 28$<br>し しち にじゅうはち<br>（四七 28） | $5 \times 7 = 35$<br>ご しち さんじゅうご<br>（五七 35） | $6 \times 7 = 42$<br>ろく しち しじゅうに<br>（六七 42） | $7 \times 7 = 49$<br>しち しち しじゅうく<br>（七七 49） | $8 \times 7 = 56$<br>はち しち ごじゅうろく<br>（八七 56） | $9 \times 7 = 63$<br>く しち ろくじゅうさん<br>（九七 63） |
| $1 \times 8 = 8$<br>いん はち はち<br>（一八が 8） | $2 \times 8 = 16$<br>に はち じゅうろく<br>（二八 16） | $3 \times 8 = 24$<br>さん ぱ にじゅうし<br>（三八 24） | $4 \times 8 = 32$<br>し は さんじゅうに<br>（四八 32） | $5 \times 8 = 40$<br>ご は しじゅう<br>（五八 40） | $6 \times 8 = 48$<br>ろく は しじゅうはち<br>（六八 48） | $7 \times 8 = 56$<br>しち は ごじゅうろく<br>（七八 56） | $8 \times 8 = 64$<br>はっぱ ろくじゅうし<br>（八八 64） | $9 \times 8 = 72$<br>く は しちじゅうに<br>（九八 72） |
| $1 \times 9 = 9$<br>いん く く<br>（一九が 9） | $2 \times 9 = 18$<br>に く じゅうはち<br>（二九 18） | $3 \times 9 = 27$<br>さん く にじゅうしち<br>（三九 27） | $4 \times 9 = 36$<br>し く さんじゅうろく<br>（四九 36） | $5 \times 9 = 45$<br>ごっく しじゅうご<br>（五九 45） | $6 \times 9 = 54$<br>ろっく ごじゅうし<br>（六九 54） | $7 \times 9 = 63$<br>しち く ろくじゅうさん<br>（七九 63） | $8 \times 9 = 72$<br>はっく しちじゅうに<br>（八九 72） | $9 \times 9 = 81$<br>く く はちじゅういち<br>（九九 81） |

## 時計の　読み方

長い　はりは　**何分**です。

めもりは　1めもりで　**1分**です。

みじかい　はりは　**何時**です。

## 時こくと　時間

長い　はりが　ひと回り　すると　**60分＝1時間**

時間は　20分です。

時こくは　5時です。

時こくは　5時20分です。

## 午前と　午後

| | 午前 | | 正午 | | | 午後 | | |
|---|---|---|---|---|---|---|---|---|
| 6時 | 8時 | 10時 | 12時 0時 | （14時）2時 | （16時）4時 | （18時）6時 | （20時）8時 | （21時）9時 |

| おきる | 家を　出る | じゅぎょう | 昼食 | あそぶ | 手つだい | 夕食 | おふろ | ねる |
|---|---|---|---|---|---|---|---|---|

# 教科書ワーク もくじ

啓林館版 **算数2年**

**▶動画** コードを読みとって、下の番号の動画を見てみよう。

*がついている動画は、一部他の単元の内容を含みます。

べんきょうした 日　月　日

# ひょうと グラフ

教科書　上 10〜15ページ　答え　1 ページ

**もくひょう**
ひょうや グラフに かいて 見やすく せいりしよう。

おわったら シールを はろう

## きほんのワーク

**きほん 1** ひょうや グラフに あらわせますか。

☆ すきな きゅう食しらべを しましょう。

### すきな きゅう食しらべ

| てんぷら | ハンバーグ | たつたあげ | カレー | てりやき | シチュー |
|---|---|---|---|---|---|
|  |  |  |  |  |  |

❶ 下の ひょうに 人数を かきましょう。

### すきな きゅう食しらべ

| すきな きゅう食 | てんぷら | ハンバーグ | たつたあげ | カレー | てりやき | シチュー |
|---|---|---|---|---|---|---|
| 人数（人） | 5 | | | | | |

なぞりましょう。

てんぷらが すきな 人は 5人 いるね。

❷ ○を つかって、右の グラフに かきましょう。

❸ すきな 人の 数が いちばん 多い きゅう食は 何ですか。

❹ すきな 人の 数が いちばん 少ない きゅう食は 何ですか。

❺ ハンバーグが すきな 人は、シチューが すきな 人より 何人 多いですか。

### すきな きゅう食しらべ

| | | | | | |
|---|---|---|---|---|---|
| | | | | | |
| | | | | | |
| | | | | | |
| ○ | | | | | |
| ○ | | | | | |
| ○ | | | | | |
| ○ | | | | | |
| ○ | | | | | |
| てんぷら | ハンバーグ | たつたあげ | カレー | てりやき | シチュー |

ひょうに すると、数の ちがいが くらべやすいね。グラフに すると、多い 少ないが すぐ わかるね。

 グラフは ひょうに かかれて いる ないようを 見やすく あらわした ものだよ。○で かく グラフの ほかに ぼうグラフや 円グラフや おれ線グラフなどが あるよ。

**1** 虫の　数を　しらべて、ひょうや　グラフに　あらわしましょう。

📖 教科書　12・13ページ **1**

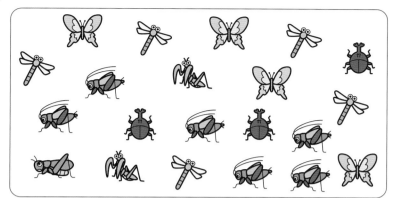

### 虫の　数しらべ

| 虫 | バッタ | コオロギ | チョウ | トンボ | カマキリ | カブトムシ |
|---|---|---|---|---|---|---|
| 数（ひき） | | | | | | |

### 虫の　数しらべ

| | | | | | |
|---|---|---|---|---|---|
| | | | | | |
| | | | | | |
| | | | | | |
| | | | | | |
| | | | | | |
| | | | | | |
| | | | | | |
| | | | | | |
| バッタ | コオロギ | チョウ | トンボ | カマキリ | カブトムシ |

**2** くだものの　数を　しらべます。

📖 教科書　12・13ページ **1**

**1** ひょうに　数を　かきましょう。

### くだものの　数しらべ

| くだもの | りんご | メロン | いちご | バナナ | みかん | ぶどう |
|---|---|---|---|---|---|---|
| 数（こ） | | | | | | |

**2** ○を　つかって、右の　グラフに
かきましょう。

**3** 2番目に　多い　くだものは　何ですか。

（　　　　　　　　　　　）

**4** いちごは　バナナより
何こ　多いですか。

（　　　　　　　　　　　）

**5** みかんは　ぶどうより
何こ　少ないですか。

（　　　　　　　　　　　）

### くだものの　数しらべ

| | | | | | |
|---|---|---|---|---|---|
| | | | | | |
| | | | | | |
| | | | | | |
| | | | | | |
| | | | | | |
| | | | | | |
| | | | | | |
| | | | | | |
| りんご | メロン | いちご | バナナ | みかん | ぶどう |

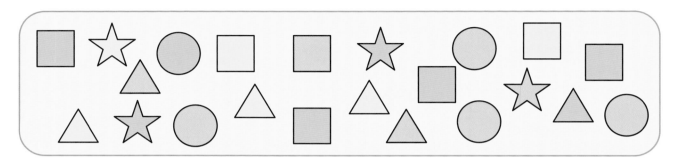

# れんしゅうのワーク

| 教科書 | ㊤ 10〜17ページ | 答え | 2 ページ |

できた 数

／6もん 中

おわったら
シールを
はろう

**❶ ひょうと グラフ** 図形の 数を しらべます。

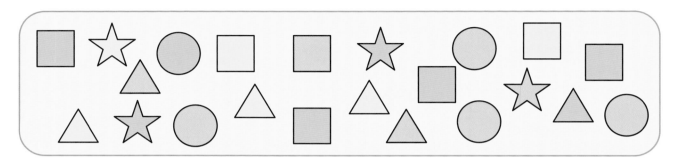

● 図形の 形や 色を しらべて、ひょうと グラフに あらわしましょう。

### 図形の 形しらべ

| 形 | まる | しかく | さんかく | ほし |
|---|---|---|---|---|
| 数(こ) | | | | |

### 図形の 色しらべ

| 色 | 赤 | 青 | 黄 |
|---|---|---|---|
| 数(こ) | | | |

### 図形の 形しらべ

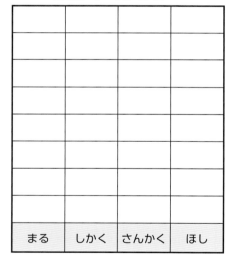

| | | | |
|---|---|---|---|
| | | | |
| | | | |
| | | | |
| | | | |
| | | | |
| | | | |
| | | | |
| | | | |
| まる | しかく | さんかく | ほし |

### 図形の 色しらべ

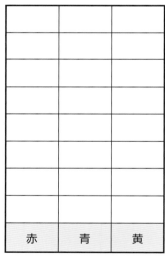

| | | |
|---|---|---|
| | | |
| | | |
| | | |
| | | |
| | | |
| | | |
| | | |
| | | |
| 赤 | 青 | 黄 |

❷ いちばん 多い 形は どれですか。

（　　　　　　）

❸ いちばん 少ない 色は どれですか。

（　　　　　　）

**できる ナビ** 図形の 数を 数えるとき、数えまちがいを しないように ×や ◯などの しるしを つけながら 数えるように しましょう。

# まとめのテスト

**1** よく出る すきな あそびしらべを します。

1 つ25〔50点〕

① 下の ひょうに 人数を かきましょう。

すきな あそびしらべ

| すきな あそび | ボールなげ | ボールけり | ブランコ | なわとび | かくれんぼ | てつぼう |
|---|---|---|---|---|---|---|
| 人数 (人) | | | | | | |

② ○を つかって、右の グラフに
かきましょう。

すきな あそびしらべ

|  |  |  |  |  |  |
|---|---|---|---|---|---|
|  |  |  |  |  |  |
|  |  |  |  |  |  |
|  |  |  |  |  |  |
|  |  |  |  |  |  |
|  |  |  |  |  |  |
|  |  |  |  |  |  |
|  |  |  |  |  |  |
|  |  |  |  |  |  |
| ボールなげ | ボールけり | ブランコ | なわとび | かくれんぼ | てつぼう |

**2** **1**の ひょうと グラフを 見て 答えましょう。

1 つ10〔50点〕

① すきな 人の 数が いちばん 多い
あそびは 何ですか。　　　（　　　　　　　）

② すきな 人の 数が 2番目に 少ない
あそびは 何ですか。　　　（　　　　　　　）

③ ボールなげが すきな 人と なわとびが すきな 人では、どちらが
何人 多いですか。（　　　　　　が すきな 人が　　　　人 多い。）

④ （ ）の 中の あって いる ほうに ○を つけましょう。

・人数の 多い 少ないが わかりやすいのは （グラフ・ひょう） です。

・人数が わかりやすいのは （グラフ・ひょう） です。

チェック ✓ □グラフを かいて、多い 少ないを しらべる ことが できたかな？
□ひょうに あらわす ことが できたかな？

# ① たし算

# きほんのワーク

もくひょう
2けたの 数と 1けたの 数の たし算を 学ぼう。

おわったら シールを はろう

教科書 ⊕ 18〜21ページ 　答え 3ページ

## きほん1 （2けた）＋（1けた）の たし算が わかりますか。

☆ ちゅう車場に 車が 16台 とまって います。
そこへ 4台 はいって くると 何台に なりますか。

① しきに かきましょう。

しき 　　　　　＝ ?

② 16＋4の 計算を して みましょう。

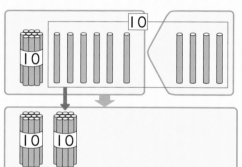

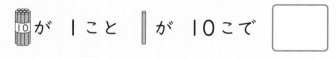 が 1こと | が 10こで 　

しき 16＋4＝　

答え 　台

**1** 23に 7を たすと いくつに なりますか。

教科書 19ページ12

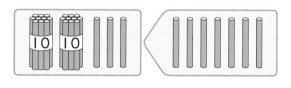

( 　　)

**2** 計算を しましょう。

教科書 19ページ34

① 12＋8　　② 19＋1　　③ 34＋6　　④ 83＋7

**3** つぎの 数に いくつ たすと 20に なりますか。

教科書 19ページ5

① 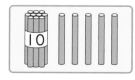 15　( 　)

② 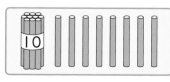 18　( 　)

③ 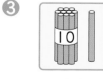 11　( 　)

 さんすうはかせ 「＋」の きごうは、古代ローマの ことばだった ラテン語の 「…と…」を いみする エ(et)が へんかした ものだと いわれて いるよ。

☆ ちゅう車場に　車が　16台　とまって　います。
そこへ　6台　はいって　くると　何台に　なりますか。

❶ しきに　かきましょう。

しき [　　　　　　　　] = [ ? ]

❷ 16+6の　計算を　して　みましょう。

・16に [　　] を　たして　20

・20と [　　] で　22

しき　16+6= [　　]

答え [　　] 台

16に　あと　いくつを
たせば　20に　なるかな？

4 計算を　しましょう。　　　📖教科書 21ページ7

❶ 37+4

❶ 37+4
　 3　1

❷ 14+8

5 ☐に　あてはまる　数を　かきましょう。　　📖教科書 21ページ8

28+5

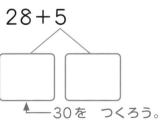

└─30を　つくろう。

❶ 28に [　　] を　たして　30

❷ 30と [　　] で [　　]

6 計算を　しましょう。　　　📖教科書 21ページ9 10

❶ 17+8　　❷ 59+2　　❸ 34+9　　❹ 77+5

おうちのかたへ　2けたの数に、1けたの数を加えるくり上がりのあるたし算を学習します。はじめは答えが「何十」になるものを、次に答えが「何十何」になるものを扱います。

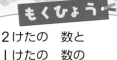

## ② ひき算

もくひょう

2けたの 数と
1けたの 数の
ひき算を 学ぼう。

おわったら
シールを
はろう

きほんのワーク

教科書 上 22〜25ページ　答え 3ページ

きほん **1** （何十）−（1けた）の ひき算が わかりますか。

☆ 公園で 子どもが 20人 あそんで います。
そこから 7人 帰ると 何人に なりますか。

ばいばーい。

❶ しきに かきましょう。

しき [　　　　] = [ ? ]

❷ 20−7の 計算を して みましょう。

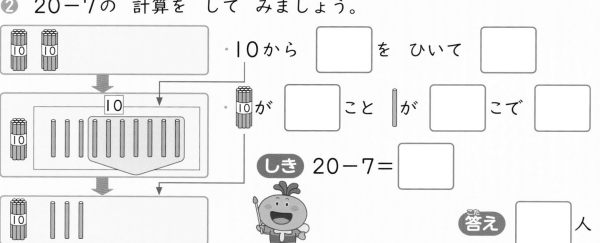

・10から [　　] を ひいて [　　]

・10が [　　] こと | が [　　] こで [　　]

しき 20−7= [　　]

答え [　　] 人

**1** 50から 3を ひくと いくつに なりますか。　📖教科書 23ページ②

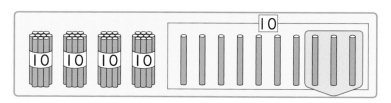

（　　　　　　　）

**2** 計算を しましょう。　📖教科書 23ページ❸▲

❶ 20−9　❷ 20−2　❸ 50−6　❹ 60−3

❺ 50−1　❻ 70−8　❼ 40−7　❽ 90−4

さんすうはかせ 「−」の きごうは、「たりない」とか 「ひく」を いみする マイナスの 頭文字「m」が
へんかして できたと いわれて いるよ。

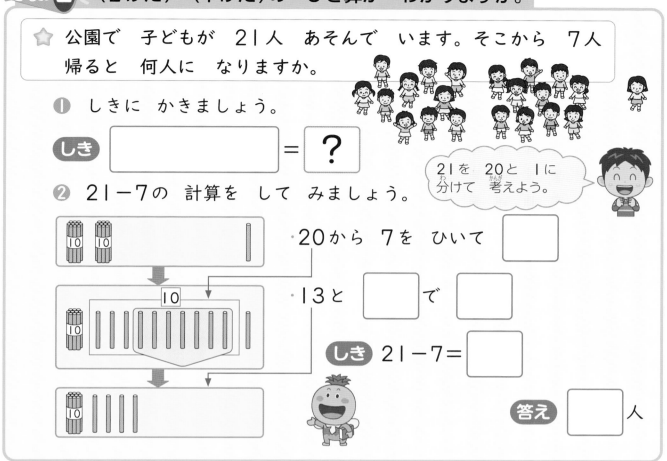

☆ 公園で　子どもが　21人　あそんで　います。そこから　7人　帰ると　何人に　なりますか。

① しきに　かきましょう。

しき 　　　　　　　　 ＝ ？

21を　20と　1に　分けて　考えよう。

② 21ー7の　計算を　して　みましょう。

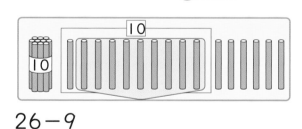

・20から　7を　ひいて 　　　

・13と　　　　で　　　　

しき 21ー7＝ 　　　

答え 　　　人

③ 計算を　しましょう。 教科書 25ページ 7

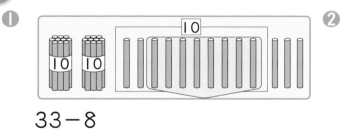

① 33ー8

② 26ー9

④ □に　あてはまる　数を　かきましょう。 教科書 25ページ 8

76ー9

① 　　　から　9を　ひいて　61

② 　　　と　　　で　　　

⑤ 計算を　しましょう。 教科書 25ページ 9 10

① 23ー6　　② 51ー7　　③ 47ー8　　④ 82ー5

おうちのかたへ　2けたの数から、1けたの数をひく、くり下がりのあるひき算を学習します。
（2けたの数）ー（1けたの数）は、（何十）ー（1けたの数）の計算をもとに考えます。

# れんしゅうのワーク

教科書　(上) 18〜26ページ　　答え　4ページ

できた 数
　　　　　/16もん 中

おわったら
シールを
はろう

❶ まちがい さがし　答えが まちがって いる カードを きごうで えらんで 正しい 答えを かきましょう。

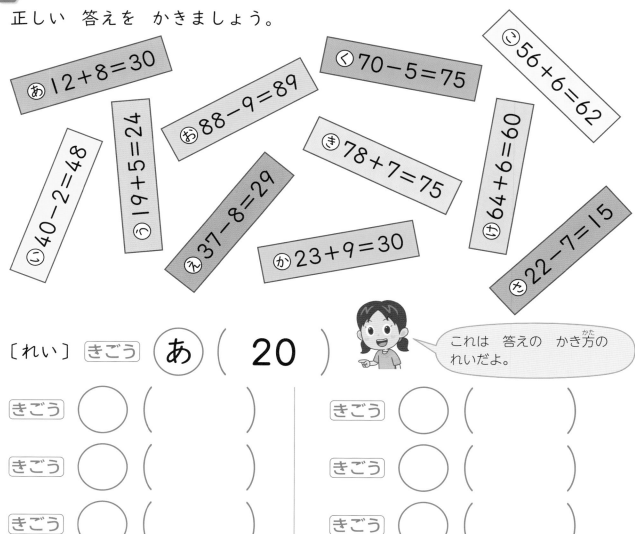

あ 12＋8＝30

う 40−2＝48

い 19＋5＝24

お 88−9＝89

え 37−8＝29

か 23＋9＝30

く 70−5＝75

き 78＋7＝75

け 64＋6＝60

こ 56＋6＝62

さ 22−7＝15

［れい］ きごう あ（ 20 ）

これは 答えの かき方の れいだよ。

きごう ◯（ 　　　　 ）　　きごう ◯（ 　　　　 ）

きごう ◯（ 　　　　 ）　　きごう ◯（ 　　　　 ）

きごう ◯（ 　　　　 ）　　きごう ◯（ 　　　　 ）

❷ 文しょうだい　絵本が 26さつ、図かんが 9さつ あります。

絵本
26さつ

図かん
9さつ

❶ あわせて 何さつですか。

しき 　　　　　　　　　　　　答え（ 　　　　 ）

❷ ちがいは 何さつですか。

しき 　　　　　　　　　　　　答え（ 　　　　 ）

できるナビ　❷❶「あわせて」 だから、たし算に なるよ！　❷「ちがい」 だから、ひき算に なるね！

# まとめのテスト

時間 **20** 分

とく点

／100点

おわったら
シールを
はろう

教科書　⊕ 18〜26ページ　答え　4 ページ

## 1 ぼうは 何本に なりますか。

1つ10〔20点〕

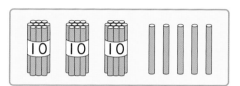

❶ 6本 たすと ☐ 本です。

❷ 6本 ひくと ☐ 本です。

## 2 ☐に あてはまる 数を かきましょう。

1つ2〔20点〕

❶ 47+4

☐ ☐

⑦ 47に ☐ を たして 50

⑦ 50と ☐ で ☐

❷ 53-6

☐ ☐

⑦ ☐ から 6を ひいて 44

⑦ 44と ☐ で ☐

## 3 よく出る 計算を しましょう。

1つ5〔40点〕

❶ 13+7　　❷ 45+5　　❸ 18+8　　❹ 76+9

❺ 20-3　　❻ 80-8　　❼ 24-5　　❽ 61-4

## 4 おはじきを 55こ もって います。妹に 9こ あげると 何こに なりますか。

1つ10〔20点〕

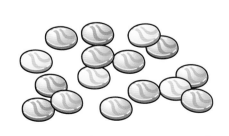

しき

答え（　　　　　）

 □ 2けたの 数に 1けたの 数を たす ことが できたかな？
□ 2けたの 数から 1けたの 数を ひく ことが できたかな？

11

# 時こくと 時間

**もくひょう**
時こくと 時間の
ちがいを 知ろう。

おわったら
シールを
はろう

## きほんのワーク

教科書 ⊕ 27〜29ページ　答え 4 ページ

---

**きほん 1** 時こくと 時間の ちがいが わかりますか。

☆ たつやさんは 日曜日に 公園へ あそびに 行きました。

家を 出た 時こく　　　　　公園に ついた 時こく　　　　　公園を 出た 時こく

❶ 家を 出た 時こくは ［　　　　］時です。

・長い はりが 1目もり うごく 時間は ［ 1分 ］

❷ 公園に ついた 時こくは ［　　　　］時［　　　　］分です。

❸ 家を 出てから 公園に
つくまでに かかった
時間は ［　　　　］分です。

10時
時こく
時間
時こく
10時10分

時こくと
時こくの
間が 時間
だね！

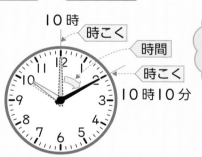

❹ 家を 出てから 公園を
出るまでの 時間は ［　　　　］分です。

・長い はりが ひとまわりする 時間は ［ 1時間 ］

・1時間＝［ 60 ］分

❺ 公園を 出てから 10分あとに 家に つきました。

家に ついた 時こくは ［　　　　　　　　　］です。

 時こくは 「何時何分」のように いっしゅんの ときを さし、時間は 時こくと
時こくの 間の ときの ながれ（長さ）を あらわすよ。ちがいを 知ろう。

**❶** つぎの 時間は どれだけですか。 教科書 28・29ページ**1**▲**3**

**❶** 7時から 7時12分まで

(　　　　　　　)

**❷** 1時から 1時30分まで

(　　　　　　　)

**❸** 4時30分から 5時まで

(　　　　　　　)

**❹** 7時40分から 8時まで

(　　　　　　　)

**❷** つぎの 時こくを いいましょう。 教科書 29ページ▲

**❶** 9時から 30分あとの 時こく

(　　　　　　　)

**❷** 3時45分から 1時間あとの 時こく

(　　　　　　　)

**❸** 5時50分から 1時間前の 時こく

(　　　　　　　)

**❹** 6時40分から 30分前の 時こく

(　　　　　　　)

**❸** いま 2時25分です。つぎの 時こくを いいましょう。 教科書 29ページ▲

**❶** 30分あとの 時こく (　　　　　　　)

**❷** 30分前の 時こく (　　　　　　　)

おうちのかたへ 時刻と時刻の間が時間になることを理解しましょう。時計の長い針がひと回りすると 1時間、1時間＝60分であることを覚えます。

13

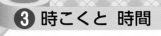

## 午前と 午後

もくひょう
午前と 午後の
時こくを 知ろう。

おわったら
シールを
はろう

# きほんのワーク

教科書 ⊕ 30〜31ページ　答え 5 ページ

きほん 1　午前、午後を つかって 時こくが いえますか。

☆ 下の 絵を 見て 答えましょう。

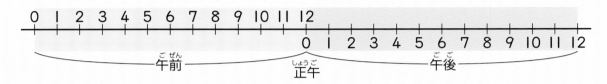

朝 おきた 時こく

家に 帰った 時こく

① 朝 おきた 時こくは ［午前　時　分］です。

② 家に 帰った 時こくは ［　　　　　］です。

③ 1日の 時間は 午前が ［　　　］時間、午後が ［　　　］時間で、

1日は ［　　　］時間です。

時計の みじかい はりは
1日に 2まわりするよ。

① 時計の 時こくを 午前か 午後を つかって いいましょう。

①

朝

②
教科書 30ページ ①

夜

（　　　　　　　　　　　）　（　　　　　　　　　　　）

14

さんすうはかせ　午前・午後は 正午の 前と 後と いう いみだよ。「午」は、時こくを 十二支で
あらわした ときの 「午の 刻(うまの こく)」を さして いるんだ。

☆ 家を　出てから　家に　帰るまでの　時間は　どれだけですか。

① 家を　出た　時こく

> 午前　　　時

② 家に　帰った　時こく

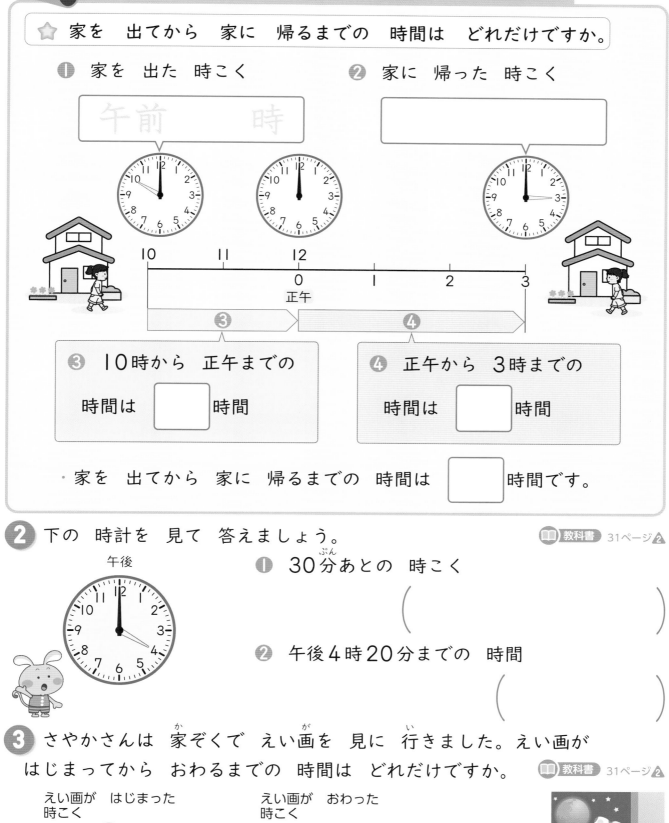

③ 10時から　正午までの
時間は □ 時間

④ 正午から　3時までの
時間は □ 時間

・家を　出てから　家に　帰るまでの　時間は □ 時間です。

**2** 下の　時計を　見て　答えましょう。　📖 教科書 31ページ ②

午後

① 30分あとの　時こく

（　　　　　　　　　　　）

② 午後4時20分までの　時間

（　　　　　　　　　　　）

**3** さやかさんは　家ぞくで　えい画を　見に　行きました。えい画が
はじまってから　おわるまでの　時間は　どれだけですか。　📖 教科書 31ページ ②

えい画が　はじまった
時こく

午前

えい画が　おわった
時こく

午後

（　　　　　　　　　　　）

おうちのかたへ　1日の時刻には午前と午後があることを、具体例をあげて理解しましょう。正午は
午後0時のことです。

# れんしゅうのワーク

べんきょうした 日 ▶ 月 日

できた 数

／6もん 中

おわったら
シールを
はろう

教科書 ⬆ 27～33ページ　答え 5 ページ

**❶** いろいろな 時こくや 時間を もとめる　ゆうたさんは 家ぞくで 水ぞくかんへ 行きました。
つぎの 時こくや 時間を いいましょう。

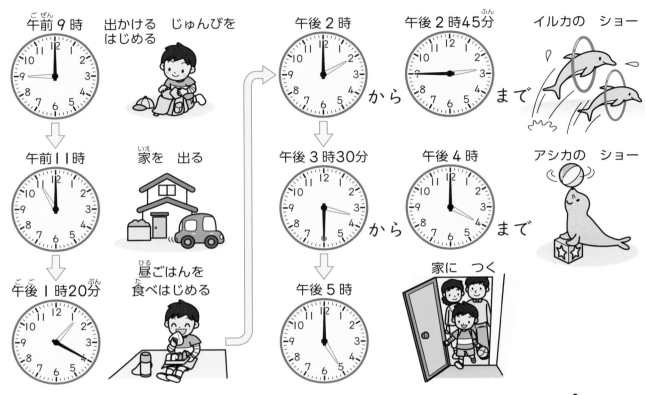

午前 9 時　出かける
はじめる　じゅんびを

午前 11 時　家を 出る

午後 1 時20分　昼ごはんを
食べはじめる

午後 2 時　から　午後 2 時45分　まで　イルカの ショー

午後 3 時30分　から　午後 4 時　まで　アシカの ショー

午後 5 時　家に つく

**❶** 出かける じゅんびを はじめてから
　　1時間あとの 時こく　　（　　　　　　　　　）

**❷** 家を 出てから　　　　（　　　　　　　　　）
　　40分あとの 時こく

**❸** 昼ごはんを 食べはじめてから
　　30分あとの 時こく　　（　　　　　　　　　）

**❹** イルカの ショーが はじまってから　　（　　　　　　　）
　　おわるまでの 時間

**❺** アシカの ショーが はじまってから　　（　　　　　　　）
　　おわるまでの 時間

**❻** 家を 出てから 家に つくまでの 時間　（　　　　　　　）

**できるナビ**　長い はりが ひとまわりする 時間は 1時間だね。時間は、はりが どれだけ
うごいたかを 見れば わかるね！

# まとめのテスト

時間 20分　　とく点　/100点

おわったら シールを はろう

教科書　(上) 27〜33ページ　　答え　6ページ

**1** よく出る つぎの 時間は どれだけですか。　　1つ10〔20点〕

① 10時から 10時24分まで　　② 3時40分から 4時まで

(　　　　　　　)　　　　　　(　　　　　　　)

**2** いま 9時35分です。つぎの 時こくを いいましょう。　　1つ10〔20点〕

① 30分前　(　　　　　　　)

② 30分あと　(　　　　　　　)

**3** □に あてはまる 数を かきましょう。　　1つ10〔20点〕

① 1時間＝□分　　② 1日＝□時間

**4** よく出る 時計の 時こくを 午前か 午後を つかって いいましょう。

① 朝　　　　　　　　　　② 夜　　　　1つ10〔20点〕

(　　　　　　　)　　(　　　　　　　)

**5** 右の 午前8時40分の 時計を 見て 答えましょう。　　1つ10〔20点〕

① 30分前の 時こく　(　　　　　　　)

② 午前8時55分までの 時間　(　　　　　　　)

 チェック　□ 時計を 見て 時こくや 時間を よみとる ことが できたかな？
□ 午前と 午後の ちがいが くべつ できたかな？

**17**

**④ 長さ**

## センチメートル、ミリメートル、長さは どれくらい、直線の かき方

### きほんのワーク

もくひょう
長さの あらわし方と たんいを 知ろう。

おわったら シールを はろう

教科書 ⊥ 34〜43ページ　答え 6ページ

---

**きほん ①　センチメートルの たんいが わかりますか。**

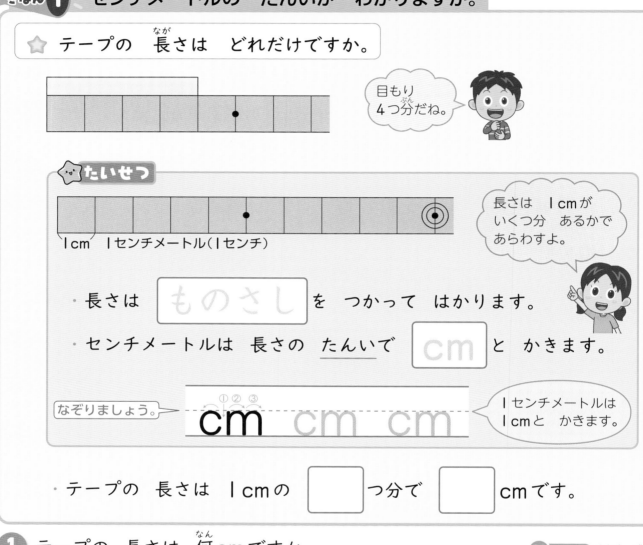

☆ テープの 長さは どれだけですか。

目もり 4つ分だね。

**たいせつ**

1cm　1センチメートル（1センチ）

長さは 1cmが いくつ分 あるかで あらわすよ。

・長さは ┃ものさし┃ を つかって はかります。

・センチメートルは 長さの たんいで ┃cm┃ と かきます。

なぞりましょう。　①②③ cm　cm　cm

1センチメートルは 1cmと かきます。

・テープの 長さは 1cmの ☐つ分で ☐cmです。

---

**1 テープの 長さは 何cmですか。**

📖教科書 36ページ △

❶

たんいを つけて 答えよう。

（　　　　　）

❷

（　　　　　）

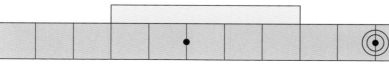

☆ 右の まっすぐな 線の 長さは
何cm何mmですか。
また、何mmと いえますか。

😊 **たいせつ**

・ 1cmを 同じ 長さに 10こに
分けた 1つ分の 長さが

1 [mm] です。

1cm
1mm 1ミリメートル（1ミリ）

・ 1cm＝ [10] mm

① ② ③
mm mm mm
なぞりましょう。

・ まっすぐな 線を [直線] と いいます。

・ 直線の 長さは [3] cm [4] mmです。

また、3cm＝[30] mmなので、[34] mmと いえます。

mmも 長さの
たんいです。

**2** キャップの 長さは 何cm何mmですか。また、何mmと いえますか。

📖 教科書 39ページ 2 3

( cm mm )

( mm )

**3** つぎの 直線の 長さは 何cm何mmですか。

📖 教科書 40ページ 4 5

❶ ( )

❷ ( )

**4** 14cmの 長さの 直線を かきましょう。

📖 教科書 42ページ 1 2

▼ ひきはじめ

**おうちのかたへ** 長さの測り方、cm、mmの単位を学習します。cmとmmを混同するお子さんが多く見られます。1cm＝10mmであることをきちんと理解しましょう。

# 長さの 計算

## きほんのワーク

もくひょう
長さの　計算の
しかたを　学ぼう。

おわったら
シールを
はろう

教科書　⊕ 44ページ　　答え　7 ページ

### きほん 1　長さの　計算の　しかたが　わかりますか。

☆　あの　道の　長さと
いの　道の　長さを
くらべます。

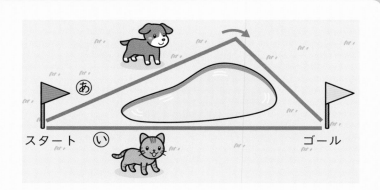

スタート　　い　　　　　　　　ゴール

・あの　道の　長さは
2つの　直線の　長さを
はかって　たします。

5cm5mm＋3cm2mm＝ 8 cm 7 mm

・いの　道の　長さは 7 cm 3 mmです。

同じ　たんいの
ところを　たすよ。
5cm＋3cm＝8cm
5mm＋2mm＝7mm

あの　道の　長さと　いの　道の　長さの
ちがいは　ひき算に　なります。

8cm7mm－7cm3mm＝ 1 cm 4 mm

### 1 計算を　しましょう。

📖教科書 44ページ1 2

❶　2cm3mm＋4cm2mm

❷　6cm1mm＋1cm8mm

❸　3cm4mm＋6mm

❹　6cm3mm＋7mm

❺　8cm7mm－3mm

❻　5cm8mm－8mm

mmどうしの
たし算で
10mmに
なったら
1cmに
直すよ。

❼　7cm9mm－4cm2mm

❽　4cm1mm－1mm

おうちのかたへ　　長さの計算の学習です。cmとmmの単位ごとに計算していきましょう。
計算にとどまらず、実際に線をひいて、長さの量感を養っておくことが大切です。

# まとめのテスト

とく点

/100点

おわったら
シールを
はろう

教科書　⬆ 34〜46ページ　答え　7 ページ

**1** テープの　長さは　どれだけですか。

1つ10〔20点〕

❶

(　　　　　　　　)

❷

(　　　　　　　　)

**2** よく出る　下の　直線の　長さは　何cm何mmですか。また、何mmですか。

1つ10〔20点〕

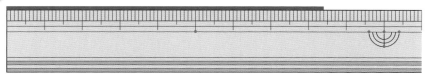 

(　　　　cm　　　　mm)　(　　　　　mm)

**3** つぎの　直線の　長さを　はかりましょう。

1つ10〔20点〕

❶ ─────────────────

(　　　　　　　　)

❷

(　　　　　　　　)

**4** つぎの　長さの　直線を　かきましょう。

1つ10〔20点〕

❶ 6cm

ひきはじめ

❷ 9cm5mm

ひきはじめ

**5** よく出る　計算を　しましょう。

1つ5〔20点〕

❶ 3cm6mm＋2cm3mm

❷ 7cm1mm＋9mm

❸ 6cm5mm−4cm2mm

❹ 8cm4mm−4mm

 □ 長さの　たんいの　ちがいが　わかったかな？
□ 長さの　計算が　できたかな？

21

**もくひょう**

くり上がりの ない たし算
と くり上がりの ある た
し算の しかたを 考えよう。

おわったら
シールを
はろう

① **たし算**

# きほんのワーク

教科書　上 47〜54ページ　　答え　8 ページ

きほん**1**　**くり上がりの ない ときの 2けたの たし算が わかりますか。**

☆ えんぴつを こはるさんは 24本、そうたさんは 32本 もって
います。あわせて 何本 ありますか。

・24＋32の 計算を します。❶、❷、
　❸の じゅんに 計算を しましょう。

下のような
計算の しかたを
ひっ算と いうよ。

| 十のくらい | 一のくらい |
|---|---|

なぞりましょう。

```
  2 4
＋ 3 2
```

くり上がりが ないよ。

```
  2 4
＋ 3 2
─────
    □
```

```
  2 4
＋ 3 2
─────
  □ 6
```

❶ くらいを たてに
　そろえて かく。

❷ 一のくらいを
　たす。

4＋2＝□

❸ 十のくらいを
　たす。

2＋3＝□

**しき** 24＋32＝□

**答え** □ 本

① **計算を しましょう。**

📖 教科書 48ページ**1**

❶ 26＋41

❷ 52＋13

② **ひっ算で しましょう。**

📖 教科書 49ページ▲

❶ 36＋23

```
  3 6
＋ 2 3
```

❷ 33＋65

❸ 51＋27

❹ 15＋42

**さんすうはかせ** ひっ算は 「筆算」と かくんだ。筆で かかれた 計算と いう いみだよ。そろばんで
計算するのが あたりまえの 時代に 生まれた 計算の やりかただったんだ。

☆ 37+25を ひっ算で します。❶、❷、❸の じゅんに 計算を しましょう。

くり上がりが あるよ。

なぞりましょう。

| 十のくらい | 一のくらい |
|---|---|

10の まとまりを 上の くらいに うつす。

$$\begin{array}{r} 3\ 7 \\ +\ 2\ 5 \\ \hline \end{array}$$
➡
$$\begin{array}{r} 3\ 7 \\ +\ 2\ 5 \\ \hline \ \square \end{array}$$
➡
$$\begin{array}{r} 3\ 7 \\ +\ 2\ 5 \\ \hline \ \square\ 2 \end{array}$$

❶ くらいを たてに そろえて かく。

❷ 一のくらいを たす。

$7+5=\square$

❸ 十のくらいを たす。

$1+3+2=\square$

**3** ひっ算で しましょう。　　　　📖教科書 50・51ページ❹～➒

① 29+33　　② 42+38　　③ 87+6　　④ 4+66

**4** 色紙を みおさんは 25まい、お姉さんは 36まい もって います。 あわせて 何まい ありますか。　　　ひっ算　　📖教科書 50・51ページ❹～➒

しき

答え（　　　　　）

**5** 58+36を ひっ算で しましょう。また、たされる数と たす数を 入れかえて 答えの たしかめを しましょう。　　📖教科書 52・53ページ❶➋

たされる数 …　
$$\begin{array}{r} 5\ 8 \\ +\ 3\ 6 \\ \hline \end{array}$$
➡
$$\begin{array}{r} 3\ 6 \\ +\ \ \ \ \\ \hline \end{array}$$

たす数 ……

答え ……

答えは 同じに なったかな？ 入れかえて 計算すると、答えの たしかめが できるよ！

おうちのかたへ 2けたのたし算の筆算のしかたを学習します。筆算は、位を縦に揃えて計算できるので、 位ごとの計算がやりやすいことを確認しましょう。

② **ひき算**

**もくひょう**
くり下がりの ない ひき算 と くり下がりの ある ひき算の しかたを 考えよう。

おわったら シールを はろう

# きほんのワーク

教科書 ㊤ 55〜60ページ　　答え 8ページ

**きほん ①** くり下がりの ない ときの 2けたの ひき算が わかりますか。

☆ 38−25を ひっ算で します。❶、❷、❸の じゅんに 計算を しましょう。

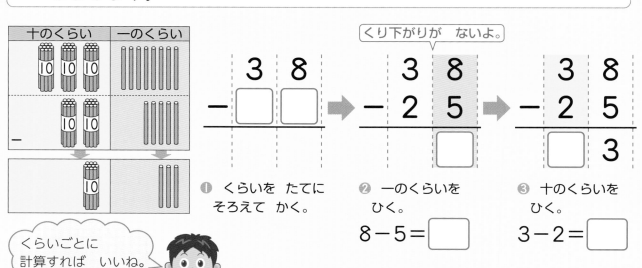

くり下がりが ないよ。

① くらいを たてに そろえて かく。

② 一のくらいを ひく。
$8-5=$ □

③ 十のくらいを ひく。
$3-2=$ □

くらいごとに 計算すれば いいね。

**①** ひっ算で しましょう。

📖教科書 55ページ❶❸

① 79−47

```
  7 9
− 4 7
```

② 85−32

③ 56−26

④ 51−41

**②** 画用紙が 66まい あります。24まい くばると、のこりは 何まいに なりますか。

📖教科書 55ページ❶

しき

ひっ算

答え (　　　　　　)

**さんすうはかせ** ひっ算では 「くらい」を そろえて かく ことが たいせつだよ。ひき算も たし算と 同じように 一のくらいから じゅんばんに 計算を すすめて いくよ。

☆ 43−18を ひっ算で します。❶、❷、❸の じゅんに 計算を しましょう。

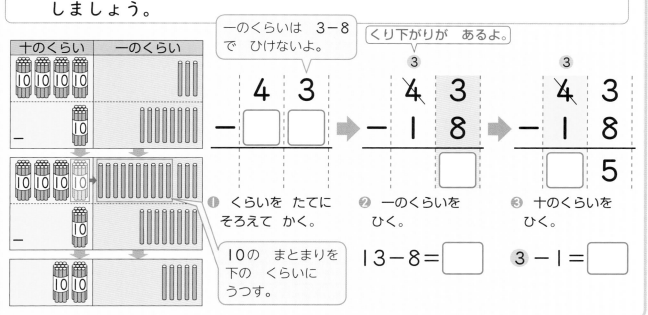

❶ くらいを たてに そろえて かく。

10の まとまりを 下の くらいに うつす。

❷ 一のくらいを ひく。

13−8= □

❸ 十のくらいを ひく。

3−1= □

**3** ひっ算で しましょう。　　　　📖**教科書** 56・57ページ**4**〜**9**

① 42−27　　② 60−52　　③ 83−4　　④ 90−6

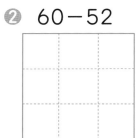
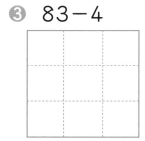
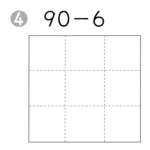

**4** 68−53の 計算の 答えの たしかめを しましょう。　　📖**教科書** 58ページ**1**

ひかれる数 …

ひく数 ……

答え ……

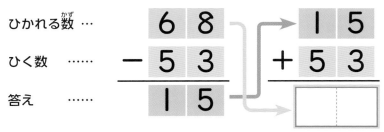

答えに ひく数を たして、ひかれる数に なるか どうかで、答えの たしかめが できるよ！

**5** ひき算の 答えの たしかめを します。□に あてはまる 数を かきましょう。　　📖**教科書** 58・59ページ**1** ▲

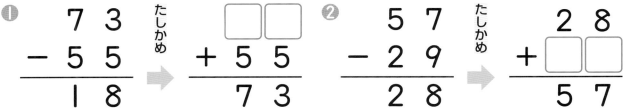

おうちのかたへ　くり下がりのないときとあるときの2けたのひき算の筆算のしかたを学習します。筆算は、位を縦に揃えて計算できるので、位ごとの計算がやりやすいことを確認しましょう。

# れんしゅうのワーク

教科書 ⊕ 47〜62ページ　答え 9ページ

できた 数
／11もん 中

おわったら
シールを
はろう

**1** ひっ算の 答えの たしかめ 答えが 正しければ ○、まちがって いれば
正しい 答えを かきましょう。

❶
```
  3 4
+ 5 7
─────
  8 1
```
（　　　）

❷
```
  2 3
+ 3 6
─────
  6 9
```
（　　　）

❸
```
  6 7
- 4 0
─────
  2 7
```
（　　　）

❹
```
  8 0
- 7 7
─────
  1 3
```
（　　　）

**2** たし算や ひき算の もんだいづくり 絵を 見て 答えましょう。

おこづかいの 55円と、
おかあさんに もらった
30円を もって いるよ。
ゆうとさん

90円 もって いるよ。
あかりさん

プリン
57円

チョコレート
65円

あめ
21円

アイスクリーム
83円

シュークリーム
77円

❶ ゆうとさんは いくら もって いますか。

しき　　　　　　　　　　　　　　　　　　　　　答え（　　　　　）

❷ あかりさんは シュークリームを 買いました。何円 のこりますか。

しき　　　　　　　　　　　　　　　　　　　　　答え（　　　　　）

❸ アイスクリームと チョコレートの ねだんの ちがいは 何円ですか。

しき　　　　　　　　　　　　　　　　　　　　　答え（　　　　　）

❹ 絵を 見て たし算や ひき算の もんだいを つくりましょう。

できる ナビ 　❷ものの ねだんを まちがえないように しよう！
「のこり」や 「ちがい」は、ひき算で 計算するんだね！

# まとめのテスト

時間 **20** 分

とく点 ／100点

おわったら シールを はろう

**1** 38＋53の 計算を します。□に あう 数を かきましょう。 1つ10〔20点〕

```
  3 8
＋ 5 3
```

❶ 一のくらいの 計算

8＋3＝ □

十のくらいに 1 くり上げる。

❷ 十のくらいの 計算

くり上げた 1と 3と 5を たす。

1＋3＋5＝ □

**2** よく出る 計算を しましょう。 1つ5〔40点〕

❶
```
  4 6
＋   3
```

❷
```
  3 4
＋ 5 6
```

❸
```
  4 7
－ 2 6
```

❹
```
  5 0
－ 1 9
```

❺ 4＋41

❻ 57＋29

❼ 60－24

❽ 34－7

**3** 答えの たしかめを します。□に あう 数を かきましょう。 1つ10〔20点〕

❶
```
  6 7
＋ 1 8
─────
  8 5
```
たしかめ ➡
```
  □ □
＋ 6 7
─────
  8 5
```

❷
```
  6 4
－ 3 8
─────
  2 6
```
たしかめ ➡
```
  2 6
＋ □ □
─────
  6 4
```

**4** カードを そうたさんは 44まい、かいとさんは 72まい もって います。ちがいは 何まいですか。 1つ10〔20点〕

しき

答え（ 　　　　　 ）

ふろくの「計算れんしゅうノート」2～7ページをやろう！

チェック ✓
□ くり上がりの ない たし算と くり上がりの ある たし算の 計算が できたかな？
□ くり下がりの ない ひき算と くり下がりの ある ひき算の 計算が できたかな？

**27**

## ふえたのは いくつ
## へったのは いくつ

# きほんのワーク

きほん **1**　ふえた 数が わからない もんだいが とけますか。

☆ はじめに たまごが 25こ ありました。たまごを もらったので、ぜんぶで 36こに なりました。たまごは 何こ もらいましたか。図に かいて 考えましょう。

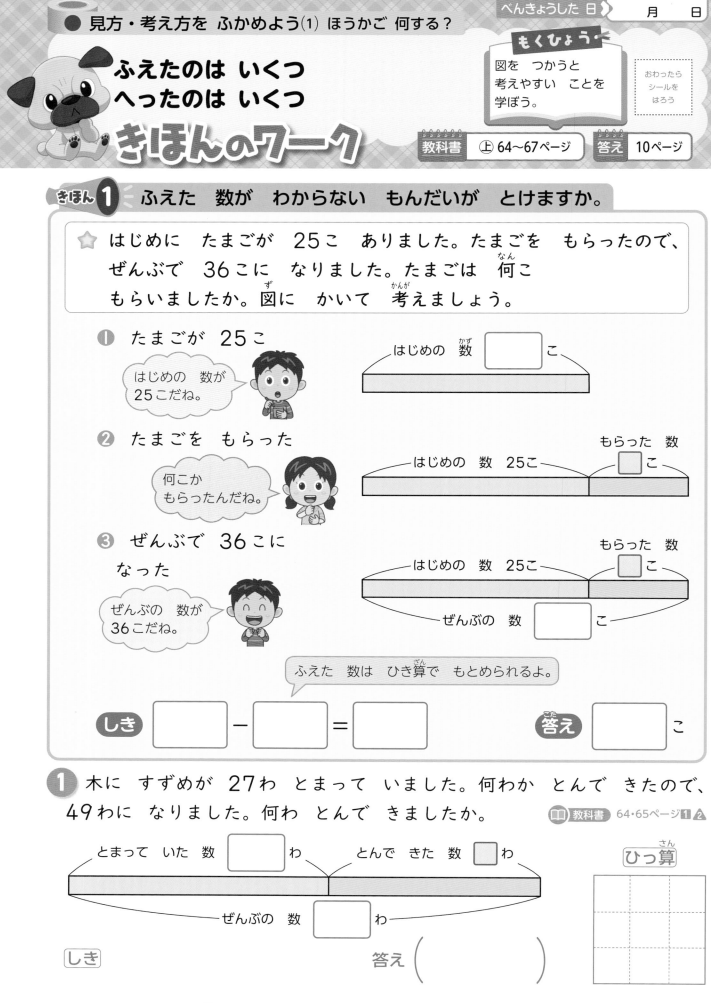

❶ たまごが 25こ

はじめの 数が 25こだね。

はじめの 数 ☐ こ

❷ たまごを もらった

何こか もらったんだね。

はじめの 数 25こ　もらった 数 ☐ こ

❸ ぜんぶで 36こに なった

ぜんぶの 数が 36こだね。

はじめの 数 25こ　もらった 数 ☐ こ
ぜんぶの 数 ☐ こ

ふえた 数は ひき算で もとめられるよ。

しき ☐ − ☐ = ☐　　答え ☐ こ

**1** 木に すずめが 27わ とまって いました。何わか とんで きたので、49わに なりました。何わ とんで きましたか。

教科書 64・65ページ **1**・**2**

とまって いた 数 ☐ わ　とんで きた 数 ☐ わ
ぜんぶの 数 ☐ わ

ひっ算

しき　　　　　　　　　答え（　　　　　）

さんすうはかせ　ひとしいことを あらわす 「＝」は イギリスの レコードと いう 人が つかいはじめたんだって。はじめは、2本の 線は いまより もっと 長かったんだよ。

## きほん2 へった 数が わからない もんだいが とけますか。

☆ はじめに セロハンテープが 35cm ありました。絵を はるのに つかったら、8cm のこりました。何cm つかいましたか。
図に かいて 考えましょう。

❶ セロハンテープが 35cm

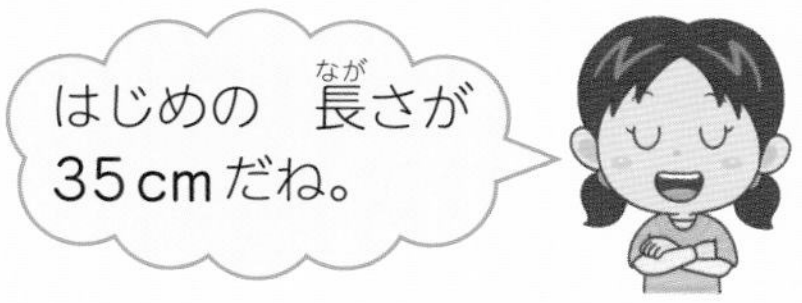

はじめの 長さが
35cmだね。

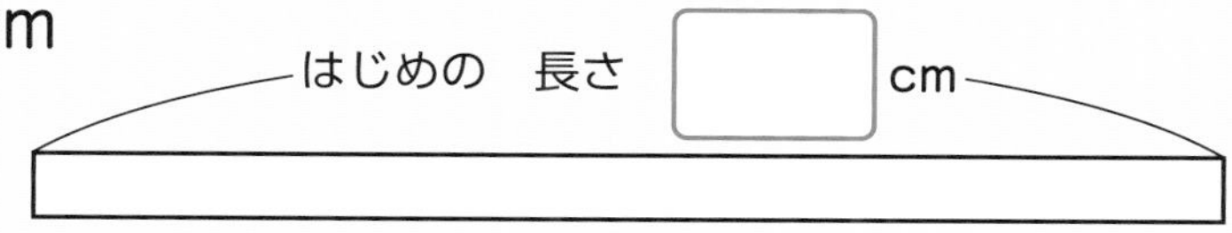

はじめの 長さ □ cm

❷ 絵を はるのに つかった

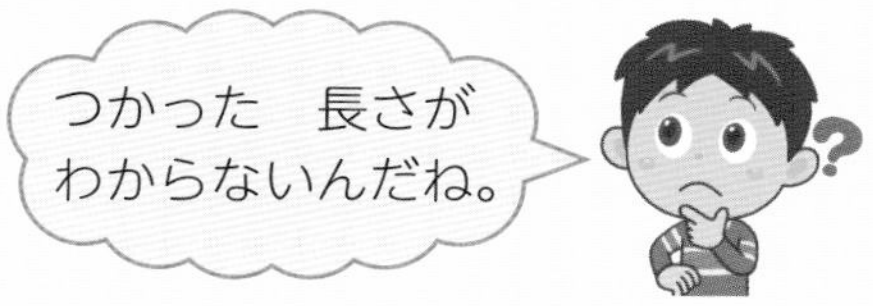

つかった 長さが
わからないんだね。

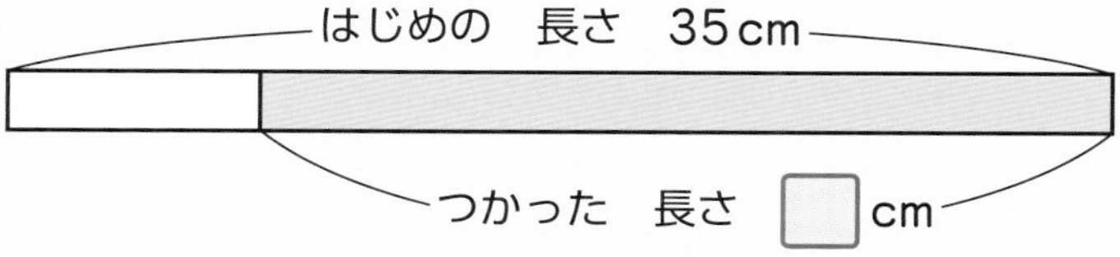

はじめの 長さ 35cm
つかった 長さ □ cm

❸ 8cm のこった

のこりの 長さが
8cmだね。

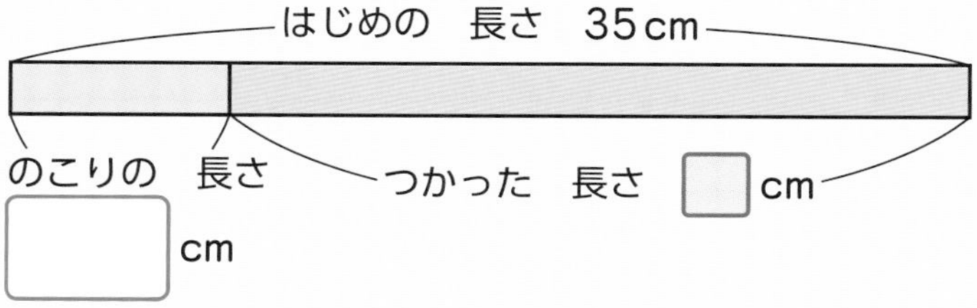

はじめの 長さ 35cm
のこりの 長さ □ cm
つかった 長さ □ cm

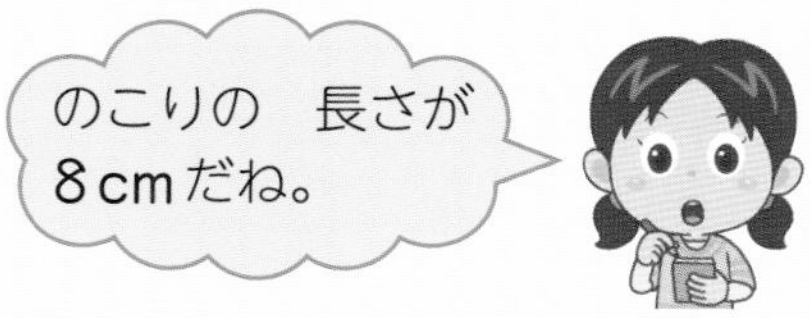

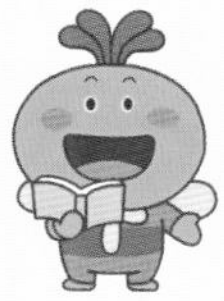

へった 数は ひき算で もとめられるよ。

しき □ ＝ □ 答え □ cm

**2** 公園に 子どもが 39人 いました。何人か 帰ったので、のこりは 26人に なりました。何人 帰りましたか。

教科書 66・67ページ 1 2

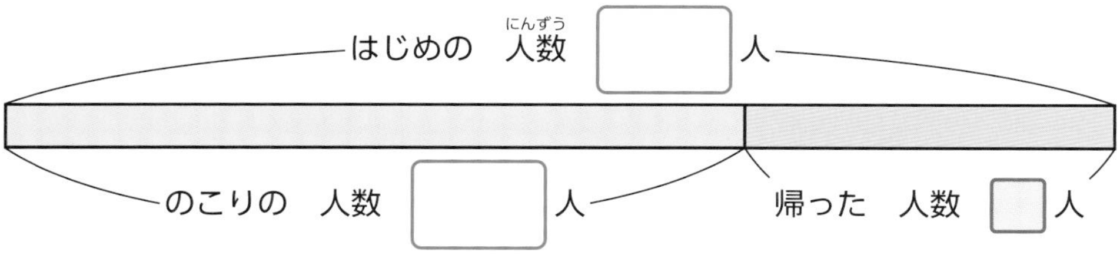

はじめの 人数 □ 人
のこりの 人数 □ 人
帰った 人数 □ 人

しき

答え（ ）

ひっ算

おうちのかたへ 文章問題などでは、図をかいて考えることが重要な要素になってきます。そのための第一歩になる学習ですので、手順に沿って図をしっかりとかけるように指導しましょう。

べんきょうした 日 ▶  月  日

もくひょう

図を つかって かく れた 数を もとめる ことを 学ぼう。

おわったら シールを はろう

## はじめは いくつ

# きほんのワーク

教科書 ⊕ 68〜69ページ  答え 10ページ

きほん 1  図を かいて もんだいが とけますか。①

☆ ぼく場に 牛が いました。そこへ 40頭 来たので、70頭に なりました。はじめは 何頭 いましたか。
図に かいて 考えましょう。

❶ ぼく場に 牛が いた    ❷ そこへ 40頭 来た

❸ 70頭に なった

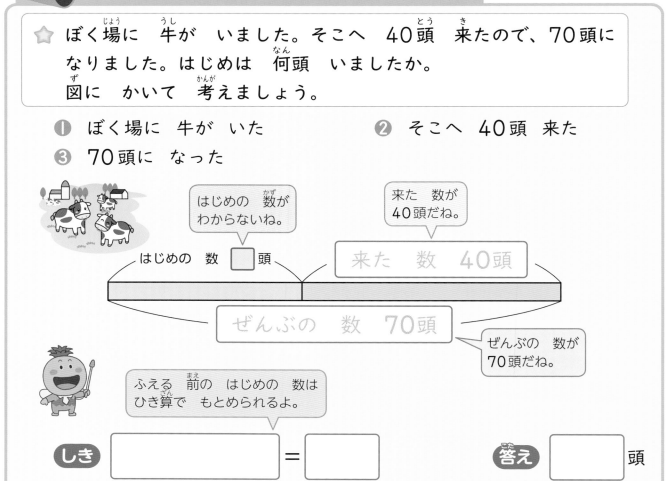

はじめの 数が わからないね。

来た 数が 40頭だね。

はじめの 数 □ 頭

来た 数 40頭

ぜんぶの 数 70頭

ぜんぶの 数が 70頭だね。

ふえる 前の はじめの 数は ひき算で もとめられるよ。

しき □ = □    答え □ 頭

❶ あめを もって いました。あめを 8こ もらったので、40こに なりました。はじめは 何こ ありましたか。図に かいて 考えましょう。

教科書 68ページ ❶ ⚠

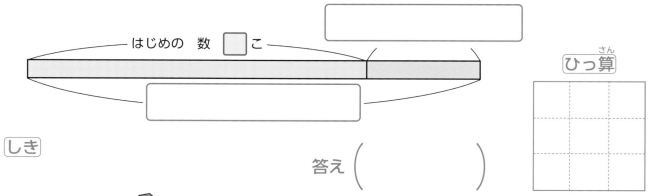

はじめの 数 □ こ

ひっ算

しき

答え (   )

さんすうはかせ  もんだいを よく よんで、図に かこう。図から わかって いる 数と もとめる 数を かくにんして、たし算に なるか ひき算に なるか 考えよう。

⭐ ぼく場に 牛が いました。その うちの 23頭が
いなくなったので、19頭に なりました。はじめは 何頭
いましたか。図に かいて 考えましょう。

❶ ぼく場に 牛が いた
❷ その うちの 23頭が いなくなった
❸ 19頭に なった

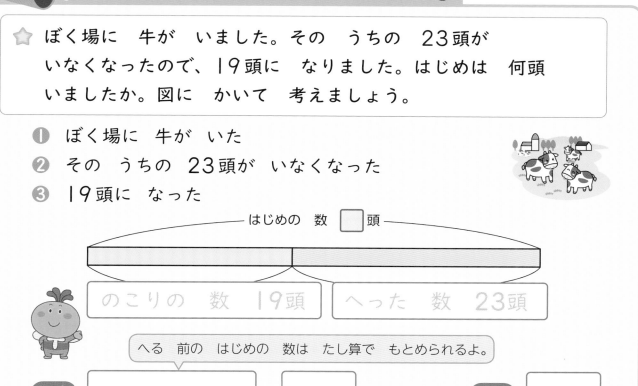

── はじめの 数 ☐ 頭 ──

のこりの 数 19頭　　へった 数 23頭

へる 前の はじめの 数は たし算で もとめられるよ。

しき ☐ ＝ ☐　　答え ☐ 頭

---

**2** みかんが ありました。8こ あげたので、16こに なりました。
はじめは 何こ ありましたか。図に かいて 考えましょう。

📖教科書 69ページ❸⚠️

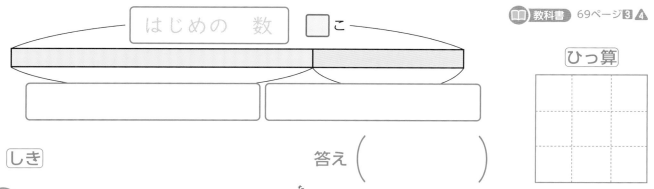

はじめの 数 ☐ こ

ひっ算

しき　　　　答え（　　　　）

---

**3** いちごが ありました。12こ 食べたので、15こに なりました。
はじめは 何こ ありましたか。図に かいて 考えましょう。📖教科書 69ページ❸⚠️

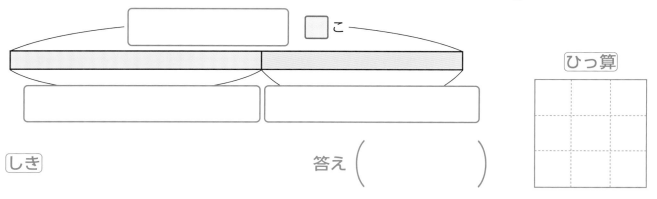

☐ こ

ひっ算

しき　　　　答え（　　　　）

---

おうちのかたへ　初めの数がかくれた数になるときは、2つのパターンがあります。
お子さんが混同してしまう場合が多いようなので、注意しましょう。

# 文と 図と しき

## きほんのワーク

もくひょう
文を つかって 図と
しきを つくる
ことを 学ぼう。

おわったら
シールを
はろう

教科書　上 70〜71ページ　　答え　11ページ

### きほん 1　文を つかって 図と しきを つくれますか。

☆ つぎの 文は 右のような 図に かけます。

| なしが 25こ あります。 |
| 12こ あげると、のこりは |
| 13こに なります。 |

はじめの 数 25こ
のこりの 数 13こ　　あげた 数 12こ

上の 文を つかって、つぎのような もんだいを つくりました。
□に あてはまる 数や ことばを かきましょう。

もんだい文　なしが 25こ あります。12こ あげると、のこりは
何こに なりますか。

図

しき 　　　　　　　　　　　　　　　　　　　答え 　　　こ

---

**1** きほん1と ちがう もんだいを つくりましょう。また、□に
あてはまる 数や ことばを かきましょう。

📖 教科書　70ページ 1

もんだい文

図

しき 　　　　　　　　　　　　　　　　答え 　　こ

---

おうちのかたへ　かくれた数の計算では、たし算になるのか、ひき算になるのか戸惑うことが多いようです。
必ず図にかいて考えるように指導し、図をかくとわかりやすくなることを確認しましょう。

# まとめのテスト

時間 **20**分

とく点

／100点

**1** 色紙が 67まい ありました。何まいか つかったら、のこりが
39まいに なりました。何まい つかいましたか。　　　　　1つ8〔40点〕

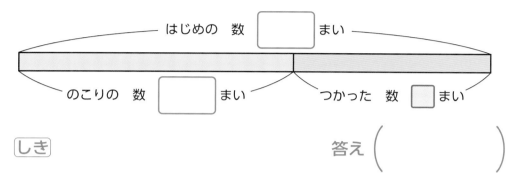

─── はじめの 数 ☐ まい ───

のこりの 数 ☐ まい　　つかった 数 ☐ まい

**ひっ算**

しき　　　　　　　　　　　答え（　　　　　）

**2** ひごが 何本か ありました。17本 あげたら、のこりが 26本に
なりました。はじめに 何本 ありましたか。　　　　　1つ5〔30点〕

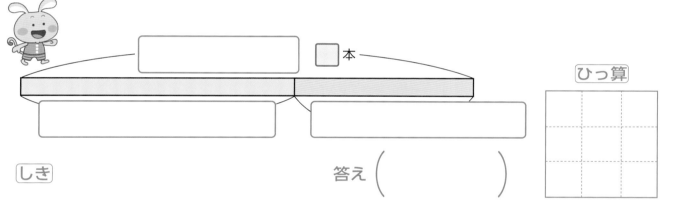

☐ 本

**ひっ算**

しき　　　　　　　　　　　答え（　　　　　）

**3** おはじきを 32こ もって いました。おはじきを もらったので、
ぜんぶで 80こに なりました。何こ もらいましたか。　　　　　1つ5〔30点〕

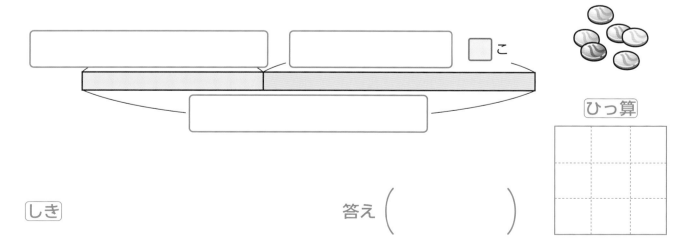

☐ こ

**ひっ算**

しき　　　　　　　　　　　答え（　　　　　）

☐ もんだいから 図を 正しく かく ことが できたかな？
☐ 答えを もとめる しきを、たし算か ひき算で かけたかな？

**33**

## ① 100を こえる 数 ［その1］

### きほんのワーク

**きほん 1**　100を こえる 数が かけますか。

☆ 色紙は 何まい ありますか。数字で かきましょう。

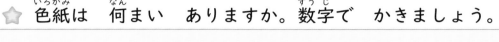

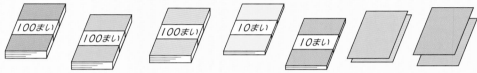

❶　100を ☐ こ あつめた 数を 三百（さんびゃく）と いいます。三百と 二十四で、三百二十四と いいます。

❷　三百二十四は、100を ☐ こ、

10を ☐ こ、1を ☐ こ あわせた 数です。

数字で ☐ と かきます。

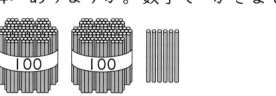

| 3 | 2 | 4 |
|---|---|---|
| 百のくらい | 十のくらい | 一のくらい |

❶ 何本 ありますか。数字で かきましょう。　　　　　　教科書 76ページ5

```
100  100  ||||||
```

（　　　　　　）

❷ 数字で かきましょう。　　　　教科書 75ページ1 3／76ページ7

❶ 百十八　　　　❷ 五百三十一　　　　❸ 七百九

（　　　　）　　　（　　　　）　　　（　　　　）

❸ 100を 6こ、10を 7こ、1を 3こ あわせた 数を かきましょう。

教科書 75ページ3

（　　　　　　）

さんすうはかせ　1が 10こ あつまると 「10」と いう まとまりに なり、10が 10こ あつまると 「100」と いう まとまりに なります。このような 数え方を 「十進法（じっしんほう）」と いうよ。

☆ □に あてはまる 数を かきましょう。

❶ 10を 32こ あつめた 数は いくつですか。

| 10 | 10 | 10 | 10 | 10 |　| 10 | 10 | 10 | 10 | 10 |　| 10 | 10 | 10 | 10 | 10 |　　10　10
| 10 | 10 | 10 | 10 | 10 |　| 10 | 10 | 10 | 10 | 10 |　| 10 | 10 | 10 | 10 | 10 |

↓　　　　　↓　　　　　↓

| 100 |　　　| 100 |　　　| 100 |　　　10　10

10が 30こで □　、10が 2こで □

あわせて □ に なります。

> 10が 32こで それを 30と 2に 分けて 考えるよ。

❷ 270は 10を 何こ あつめた 数ですか。

| 100 |　　　| 100 |　　　10 10 10 10 10 10 10

↓　　　　　↓　　　　　↓

| 10 | 10 | 10 | 10 | 10 |　| 10 | 10 | 10 | 10 | 10 |　10 10 10 10 10 10 10
| 10 | 10 | 10 | 10 | 10 |　| 10 | 10 | 10 | 10 | 10 |

200は 10が □こ、70は 10が □こ

あわせて □こに なります。

> 270を 200と 70に 分けて 考えるよ。

❹ 10を 25こ あつめた 数は いくつですか。　　　　（　　　　）

📖 教科書 77ページ❶△

❺ 380は 10を 何こ あつめた 数ですか。　　　　（　　　　）

📖 教科書 77ページ❷△

❻ 10を 70こ あつめた 数は いくつですか。　　　　（　　　　）

📖 教科書 77ページ❸

おうちのかたへ　百の位を使って3けたの数で表すことを理解しましょう。また、何もない位は0を書くことに注意してください。

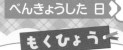

べんきょうした 日 ▶　　月　　日

## ① 100を こえる 数 [その2]

**もくひょう**
大きな 数 1000と
数の 大小を
学ぼう。

おわったら
シールを
はろう

### きほんのワーク

教科書　⨀ 78〜81ページ　　答え　13ページ

---

**きほん 1　千と 数の直線が わかりますか。**

☆ □に あてはまる 数を かきましょう。

① 100を [10] こ あつめた 数を 千と いいます。

数字では [1000] と かきます。

*1目もりは 10だよ。*

② 1000より 1 小さい 数は [　　　] です。

③

| 500 | 600 | 700 | 800 | 900 | 1000 |

↑[　　　]　　　↑[　　　]　　　↑[　　　]

---

**1** □に あてはまる 数を かきましょう。　　📖 教科書 78ページ 2

① 990より [　　　] 大きい 数は 1000です。

② [　　　] は 10を 100こ あつめた 数です。

---

**2** □に あてはまる 数を かきましょう。　　📖 教科書 79ページ 4

| 500 | 600 | 700 | 800 | 900 |

↑[　　] ↑[　　] ↑[　　] ↑[　　]

---

**3** □に あてはまる 数を かきましょう。　　📖 教科書 79ページ 5

⑦ 750 [　　] [　　] 900 [　　] 1000

⑦ 990 992 [　　] [　　] 998 1000

---

**さんすうはかせ** 10ごとに くらいが 上がり、よび名が かわる 「十進法」の ほかにも 「二進法」や 「五進法」など いろいろな 数え方が あるんだよ。

☆ みゆさんと あかりさんと はるかさんは おはじきを たくさん もって います。もって いる 数は 下のように なります。

**おはじきの 数**

| みゆさん | あかりさん | はるかさん |
|---|---|---|
| 357 | 268 | 361 |

① みゆさんと あかりさんの もって いる おはじきの 数を くらべて みましょう。

357が 268より 大きい

ことを 357 ＞ 268 と かきます。

3 5 7
2 6 8

百のくらいの 数字を くらべよう。

百のくらいの 数字は 3と 2だから…

② みゆさんと はるかさんの もって いる おはじきの 数を くらべて みましょう。

357が 361より ☐

ことを 357 ☐ 361 と かきます。

3 5 7
3 6 1

百のくらいの 数字は 同じだよ。

十のくらいの 数字は 5と 6だから…

④ はるとさんと けんとさんと ゆうまさんは カードを たくさん もって います。もって いる 数は 下のように なります。つぎの 2人の もって いる 数を くらべて、＞か ＜を つかって かきましょう。

📖 教科書 80ページ 1 ⚠

**カードの 数**

| はるとさん | けんとさん | ゆうまさん |
|---|---|---|
| 205 | 189 | 207 |

① はるとさんと けんとさん

( )

② はるとさんと ゆうまさん

( )

⑤ 2つの 数を くらべて、＞か ＜を つかって かきましょう。

📖 教科書 80ページ ⚠

① 765  657

( )

② 605  619

( )

**② たし算と ひき算** [その1]

もくひょう
大きな 数の
たし算と ひき算を
学ぼう。

おわったら
シールを
はろう

# きほんのワーク

教科書　上 82〜83ページ　　答え　13ページ

きほん**1**　大きな 数の たし算と ひき算が わかりますか。

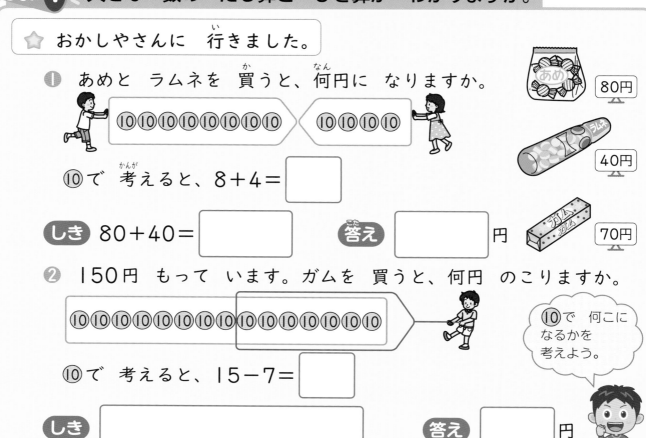

☆ おかしやさんに 行きました。

① あめと ラムネを 買うと、何円に なりますか。

⑩で 考えると、8＋4＝[　　]

しき 80＋40＝[　　]　　答え [　　] 円

あめ 80円
ラムネ 40円
ガム 70円

② 150円 もって います。ガムを 買うと、何円 のこりますか。

⑩で 何こに
なるかを
考えよう。

⑩で 考えると、15−7＝[　　]

しき [　　]　　答え [　　] 円

**1** やおやさんに 行きました。

教科書 82ページ**12**

① なすと トマトを 買うと、
何円に なりますか。

 60円  50円  90円

しき [　　]　　答え （　　　　）

② 140円 もって います。きゅうりを 買うと、何円 のこりますか。

しき [　　]　　答え （　　　　）

**2** 計算を しましょう。

教科書 82ページ**3**

① 60＋80　　　　② 110−90

 1時間は 60分、1分は 60秒と いうんだ（3年生で ならうよ）。秒、分は、60ごとに 言い方が かわって いる。このような 数え方を「六十進法」と いうよ。

⭐ 計算を　しましょう。

❶ 400＋300は　いくつですか。

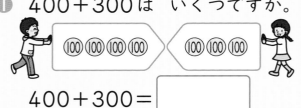

💯で　考えると
4＋3＝□　だよ。

400＋300＝□

❷ 700－500は　いくつですか。

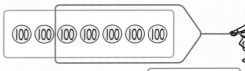

💯で　考えると
7－5＝□　だね！

700－500＝□

💯で　何こに
なるかを
考えよう。

❸ 300＋700は　いくつですか。

💯で　考えると　3＋7＝□　だから、千に　なります。

300＋700＝□

**3** くだものを　買いに
行きました。　📖教科書 83ページ❹❺

ぶどう
400円

マンゴー
500円

メロン
800円

❶ ぶどうと　マンゴーを　買うと、何円に　なりますか。

しき　　　　　　　　　　　　　　　答え（　　　　　　　　）

❷ 1000円　もって　います。メロンを　買うと、何円　のこりますか。

しき　　　　　　　　　　　　　　　答え（　　　　　　　　）

**4** 計算を　しましょう。　📖教科書 83ページ❻❼

❶ 700＋100

❷ 800－500

❸ 400＋600

❹ 1000－300

おうちのかたへ　何十、何百の大きな数のたし算とひき算は、今までの計算のしかたをうまく利用して、計算
できることを確認しましょう。お金などを使って、具体的に考えるとよいでしょう。

## ❷ たし算と ひき算 [その2]

きほんのワーク

もくひょう
＞、＜、＝を
つかって しきに かく
ことを 考えよう。

おわったら
シールを
はろう

教科書 ⬆84ページ　答え 14ページ

きほん ① 数の 大きさを くらべる ことが できますか。

☆ 130円 もって、のりと
　おり紙を 買いに 行きました。

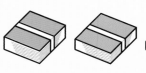

80円　60円　50円　40円

❶ 130円で 80円の のりと
　60円の おり紙が 買えますか。
　130は 80＋60より 小さい ことを 下のように かきます。

130 ＜ 80＋60 ◁ 130の ほうが 小さいよ。

小さい　大きい
なぞりましょう。

・130円で 80円の のりと 60円の おり紙は

○を つけよう。

（買える
買えない）。

❷ 130円で 80円の のりと 50円の おり紙が 買えますか。
　130は 80＋50と 同じ ことを 下のように かきます。

130 ＝ 80＋50

・130円で 80円の のりと 50円の おり紙は

○を つけよう。

（買える
買えない）。

❸ 130円で 80円の のりと 40円の おり紙が 買えますか。
　130は 80＋40より 大きい ことを 下のように かきます。

130 ＞ 80＋40 ◁ 130の ほうが 大きいよ。

大きい　小さい

・130円で 80円の のりと 40円の おり紙は

○を つけよう。

（買える
買えない）。

① □に あてはまる ＞、＜、＝を かきましょう。　📖教科書 84ページ ❷

❶ 50＋60 □ 100　　❷ 100 □ 160－50

❸ 100 □ 160－60　　❹ 100 □ 120－40

おうちのかたへ　数と式の大小関係を表すときも、不等号が使われることを理解しましょう。不等号を使って
表すことが難しいときは、具体的な場面を考えてみましょう。

# まとめのテスト

時間 **20** 分

とく点　　　/100点

おわったら シールを はろう

**1** よく出る 数字で かきましょう。　　1つ5〔10点〕

① 九百十六　　（　　　　　）　　② 四百一　　（　　　　　）

**2** 数字で かきましょう。　　1つ5〔10点〕

① 100を 7こ、10を 6こ あわせた 数は いくつですか。（　　　　　）

② 400は 10を 何こ あつめた 数ですか。（　　　　　）

**3** □に あてはまる 数を かきましょう。　　1つ5〔15点〕

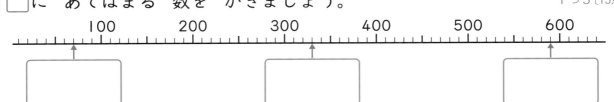

|100|200|300|400|500|600|

□　　　　　□　　　　　□

**4** □に あてはまる 数を かきましょう。　　1つ5〔20点〕

㋐ 500　□　700　800　□　1000

㋑ □　□　997　998　999　1000

**5** 2つの 数を くらべて、＞か ＜を つかって かきましょう。　　1つ5〔10点〕

① 798　879　（　　　　　）　　② 510　501　（　　　　　）

**6** よく出る 計算を しましょう。　　1つ5〔15点〕

① 40+90　　② 800+200　　③ 600-100

**7** ＞、＜、＝を つかって しきに かきしょう。　　1つ10〔20点〕

① 30+80　100　（　　　　　）　　② 100　130-50　（　　　　　）

 チェック ✔ □ 数の直線で あらわされた 数を もとめる ことが できたかな？
□ 2つの 数の 大小を ＞や ＜を つかって あらわせたかな？

ふろくの「計算れんしゅうノート」8～9ページをやろう！

**7 かさ**

## リットル

**もくひょう**
かさの たんい、L、dL を 知ろう。

おわったら シールを はろう

# きほんのワーク

教科書 ⊕ 87〜90ページ　答え 14ページ

---

**きほん 1** リットルの たんいが わかりますか。

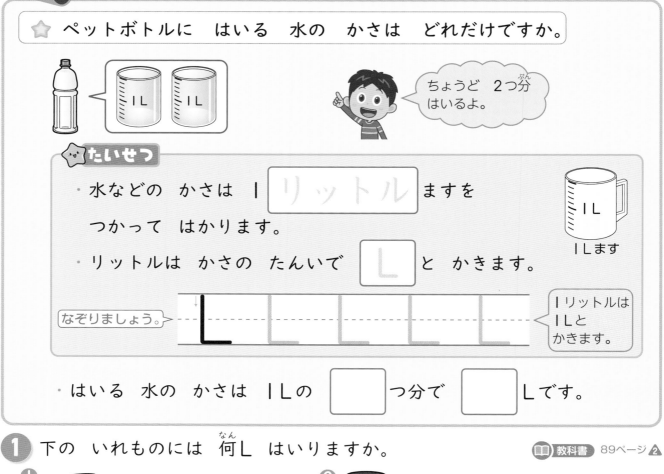

☆ ペットボトルに はいる 水の かさは どれだけですか。

ちょうど 2つ分 はいるよ。

**たいせつ**

・水などの かさは 1 リットル ますを つかって はかります。

・リットルは かさの たんいで L と かきます。

1Lます

なぞりましょう。

1リットルは 1L と かきます。

・はいる 水の かさは 1L の □ つ分で □ L です。

---

**1** 下の いれものには 何L はいりますか。

教科書 89ページ ②

①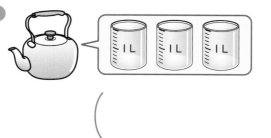

（　　　　　　）

②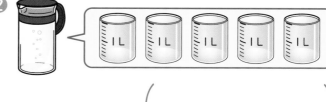

（　　　　　　）

---

**2** バケツと なべに はいる 水の かさの ちがいは 何L ですか。

教科書 89ページ

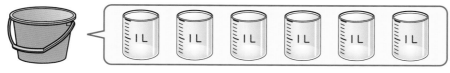

答え（　　　　　　）

---

**さんすうはかせ** 1dL の「d（デシ）」は、「10こに 分けた 1つ分」と いう いみだ（あとで べんきょうする 分数の あらわし方で 10分の1と いうよ）。1dL は 1L の 10分の1だよ。

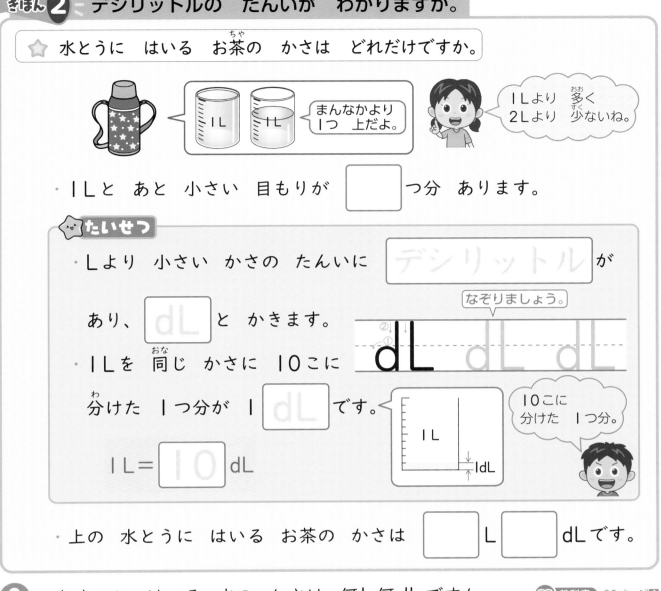

☆ 水とうに はいる お茶の かさは どれだけですか。

まんなかより 1つ 上だよ。

1Lより 多く 2Lより 少ないね。

・1Lと あと 小さい 目もりが □ つ分 あります。

😊 たいせつ

・Lより 小さい かさの たんいに デシリットル が

あり、 dL と かきます。

なぞりましょう。

・1Lを 同じ かさに 10こに

分けた 1つ分が 1 dL です。

10こに 分けた 1つ分。

1L＝ 10 dL

・上の 水とうに はいる お茶の かさは □ L □ dL です。

**3** いれものに はいる 水の かさは 何L何dLですか。　📖 教科書 90ページ**4**

①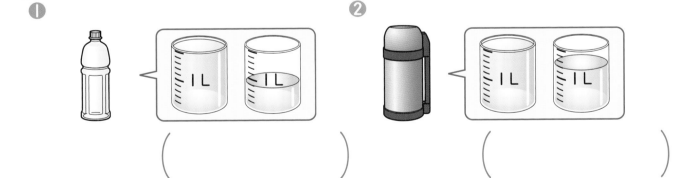

（　　　　　）

② 

（　　　　　）

**4** いれものに はいる 水の かさを しらべました。
かさは 何L何dLですか。　📖 教科書 90ページ**5**

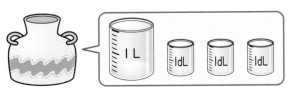

（　　　　　）

おうちのかたへ　水などのかさは、ますではかることを知り、単位を使って表す学習をします。L（リットル）とdL（デシリットル）の意味と表し方を理解しましょう。

## ミリリットル、1Lは どれくらい、かさの 計算

# きほんのワーク

## きほん 1 ミリリットルの かさの はかり方が わかりますか。

☆ 1dLますに はいって いる 水の かさは どれだけですか。

1dLより 少ない あまりが あるね。

・2dLと あと 小さい 目もりが ▢ つ分 あります。

### たいせつ

・dLより 小さい かさの たんいに 　ミリリットル　 が

あり、 mL と かきます。

なぞりましょう。

 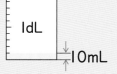 

・1dLを 同じ かさに 10こに 分けた 1つ分が 10 mL です。

1dL　↕10mL

10こに 分けた 1つ分。

・1dL = 100 mL、 1L = 1000 mL

・ 1dL 1dL 1dL は ▢ mL です。

(100mL)(100mL)(?mL)

---

### 1 1dLますに はいって いる 水の かさは 何mLですか。 📖教科書 91ページ1

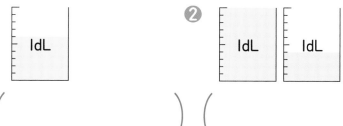

① 1dL

（ 　　　　 ）

② 1dL 1dL

（ 　　　　 ）

③ 1dL 1dL 1dL

（ 　　　　 ）

さんすうはかせ 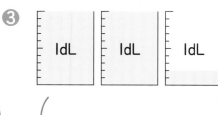 1mLの 「m（ミリ）」は、「1000こに 分けた 1つ分（1000分の1）」と いう いみだ。長さを あらわす ミリメートルの m（ミリ）も 同じように 1000分の1だよ。

☆ 牛にゅうを、あいりさんは 3L2dL、
ゆうまさんは 1L1dL もって います。

❶ あわせると 何L何dLですか。

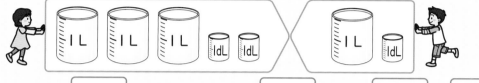

1Lが ☐ つと 1dLが ☐ つで ☐ L ☐ dLです。

❷ ちがいは 何L何dLですか。

$$3L と 2dL \cdots \text{あいり}$$
$$-1L と 1dL \cdots \text{ゆうま}$$
$$\overline{\phantom{-}2L \quad 1dL}$$

ちがいは ☐ L ☐ dLです。

**2** こはるさんと あさひさんは
それぞれ ジュースを もって
います。 📖教科書 93ページ**1**

❶ あわせると 何L何dLですか。

(　　　　　　　　)

❷ ちがいは 何L何dLですか。

(　　　　　　　　)

**3** 計算を しましょう。 📖教科書 93ページ**2**

❶ 1L6dL+4L3dL

❷ 2L8dL+3L2dL

❸ 4L9dL−2L5dL

❹ 1L7dL−7dL

45

**7 かさ**

# れんしゅうのワーク

できた 数

／6もん 中

おわったら
シールを
はろう

教科書　⊕87〜95ページ　答え　15ページ

**1** かさを くらべよう　さくらさんと ひなたさんと みおさんが のみものを
もって います。かさを くらべましょう。

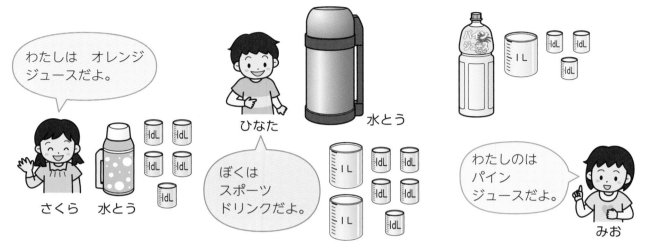

わたしは オレンジ
ジュースだよ。

ひなた

水とう

さくら　水とう

ぼくは
スポーツ
ドリンクだよ。

わたしのは
パイン
ジュースだよ。

みお

❶ さくらさんの もって いる のみものの かさは 何dL ですか。

（　　　　　　　　）

❷ ひなたさんの もって いる のみものの かさは 何L何dL ですか。

（　　　　　　　　）

❸ ひなたさんと みおさんの のみものの かさを あわせると
何L何dL ですか。

（　　　　　　　　）

❹ さくらさんと みおさんの のみものの かさを あわせると
何L何dL ですか。

（　　　　　　　　）

❺ さくらさんと ひなたさんの のみものの かさの ちがいは 何L ですか。

（　　　　　　　　）

❻ ひなたさんと みおさんの のみものの かさの ちがいは
何L何dL ですか。

（　　　　　　　　）

**46**

できるナビ　かさを たしたり ひいたり するときは、同じ たんい どうしを 計算するよ！
かさの ちがいは、多い ほうから 少ない ほうを ひくんだね！

# まとめのテスト

時間 **20** 分

とく点
／100点

おわったら
シールを
はろう

教科書 ⊕ 87〜95ページ　答え 15ページ

**1** よく出る 下の いれものに はいる 水の かさを 答えましょう。 1つ10〔20点〕

❶
（ 　　　　　　 ）

❷
8目もり分
あるよ。
（ 　　　　　　 ）

ふさわしい たんいを かこう！

**2** いれものに はいる 水の かさの たんいを かきましょう。 1つ5〔20点〕

❶ せんめんき 2 ☐ 　　　❷ ちゃわん 180 ☐

❸ 水とう 7 ☐ 　　　❹ バケツ 8 ☐

**3** よく出る 計算を しましょう。 1つ10〔40点〕

❶ 6L5dL＋2L3dL 　　　❷ 8L4dL＋6dL

❸ 9L7dL－5L2dL 　　　❹ 3L8dL－8dL

**4** お茶が 赤い ポットに 2L6dL、青い ポットに 1L4dL はいって います。 1つ5〔20点〕

❶ あわせると どれだけに なりますか。

しき 　　　　　　　　　　　　　答え（ 　　　　　 ）

❷ ちがいは どれだけですか。

しき 　　　　　　　　　　　　　答え（ 　　　　　 ）

 ☐ 3つの かさの たんいの ちがいが わかったかな？
☐ かさの たし算や ひき算の 計算が できたかな？

ふろくの「計算れんしゅうノート」10ページをやろう！

47

**① たし算 [その1]**

# きほんのワーク

もくひょう
答えが 100を こえる ひっ算の しかたを 考えよう。

おわったら シールを はろう

教科書 ⤴ 102〜104ページ　答え 16ページ

**きほん ①** くり上がりが 1回 ある たし算が わかりますか。

☆ 63+74を ひっ算で します。
❶、❷、❸の じゅんに 計算を しましょう。

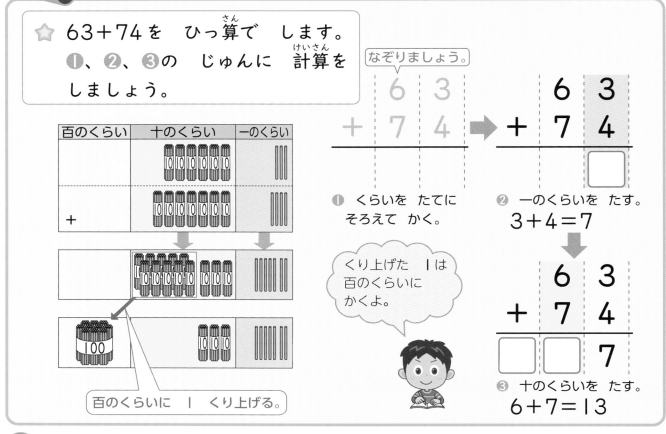

なぞりましょう。

```
  6 3        6 3
+ 7 4   ➡  + 7 4
             [  ]
```

❶ くらいを たてに そろえて かく。

❷ 一のくらいを たす。
3+4=7

くり上げた 1は 百のくらいに かくよ。

```
  6 3
+ 7 4
[ ][ ] 7
```

❸ 十のくらいを たす。
6+7=13

百のくらいに 1 くり上げる。

**①** 計算を しましょう。

📖 教科書 103ページ ❸ ❹

❶
```
  8 3
+ 9 1
```

❷
```
  7 6
+ 5 0
```

❸
```
  4 1
+ 6 7
```

❹
```
  2 0
+ 8 4
```

**②** カードを、さくらさんは 93まい、はるとさんは 65まい もって います。あわせて 何まい ありますか。

📖 教科書 103ページ

しき

ひっ算

答え（　　　　　　）

さんすうはかせ　くり上がりが ある 計算では くり上げた 1を 小さく かいて おくと まちがいが ふせげるよ。ひっ算で 考えの メモを かくのは いいことなんだ。

☆ 87+65を ひっ算で します。❶、❷、❸の じゅんに 計算を しましょう。

| 百のくらい | 十のくらい | 一のくらい |
|---|---|---|
| 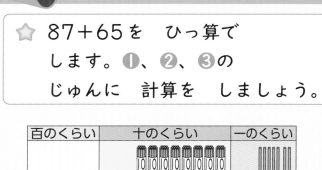 | | |
| + | | |

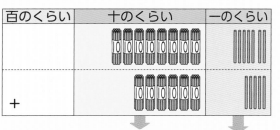

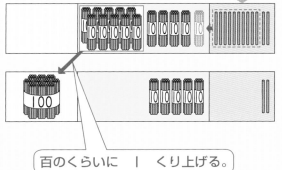

百のくらいに 1 くり上げる。

なぞりましょう。

くり上がりが あるよ。

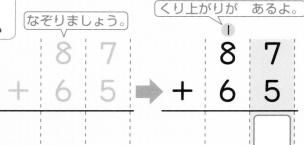

```
   8 7
 + 6 5
───────
```

❶ くらいを たてに そろえて かく。

❷ 一のくらいを たす。
7+5=12

一のくらいと 十のくらいの りょうほうに くり上がりが あるよ。

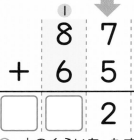

```
   ① 
   8 7
 + 6 5
───────
       2
```

❸ 十のくらいを たす。
1+8+6=15

**③** 計算を しましょう。

📖教科書 104ページ ⑦

① 
```
   4 8
 + 8 4
```

② 
```
   5 6
 + 6 5
```

③ 
```
   6 7
 + 8 9
```

④ 
```
   7 4
 + 9 7
```

⑤ 
```
   7 2
 + 7 8
```

⑥ 
```
   9 9
 + 2 1
```

⑦ 
```
   3 4
 + 7 6
```

⑧ 
```
   8 5
 + 2 5
```

**④** クリップを 75こ もって います。45こ もらうと、ぜんぶで 何こに なりますか。

📖教科書 104ページ

しき

答え （　　　　　　　　　）

ひっ算

おうちのかたへ　くり上がりが2回あるたし算では、各位の計算で10のまとまりができたら1つ上の位に1くり上げればよいことを理解しましょう。

49

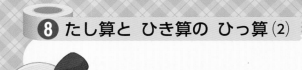

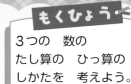

もくひょう

3つの 数の
たし算の ひっ算の
しかたを 考えよう。

おわったら
シールを
はろう

① **たし算** [その2]

# きほんのワーク

教科書 ㊤ 104〜106ページ　答え 16ページ

きほん❶　十のくらいが 0に なる たし算が わかりますか。

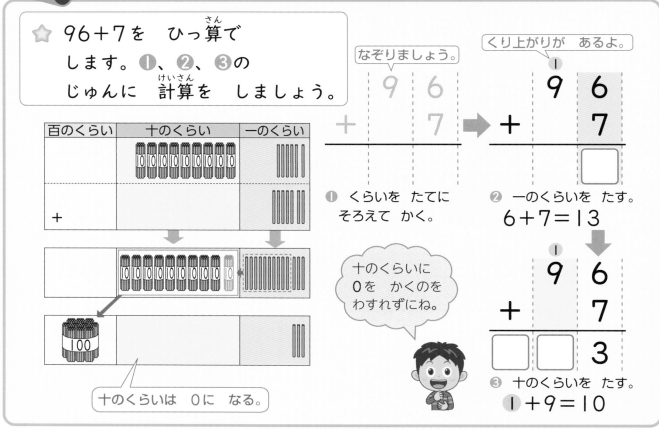

☆ 96＋7を ひっ算で
します。❶、❷、❸の
じゅんに 計算を しましょう。

なぞりましょう。

| 百のくらい | 十のくらい | 一のくらい |
|---|---|---|

＋

十のくらいは 0に なる。

くり上がりが あるよ。

① くらいを たてに
そろえて かく。

十のくらいに
0を かくのを
わすれずにね。

❷ 一のくらいを たす。
6＋7＝13

❸ 十のくらいを たす。
1＋9＝10

① 計算を しましょう。
　　　　　　　　　　　　　　　　　　　教科書 104ページ ⑧

❶
```
  2 8
+ 7 6
```

❷
```
  6 5
+ 3 7
```

❸
```
    8
+ 9 3
```

❹
```
  9 1
+   9
```

② 赤い リボンが 57cm、青い リボンが 44cm あります。リボンは
あわせて 何cmありますか。
　　　　　　　　　　　　　　　　　　　教科書 104ページ

しき

ひっ算

答え（　　　　　　　）

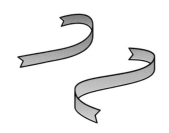

さんすうはかせ　計算は かならず 一のくらいから はじめて、十のくらい、（百のくらい）、…と じゅん
に くらいを 上げて しよう。はんたいに すると うまく 計算が できなく なるよ。

☆ 45＋37＋64を ひっ算で します。❶、❷、❸の じゅんに 計算を しましょう。

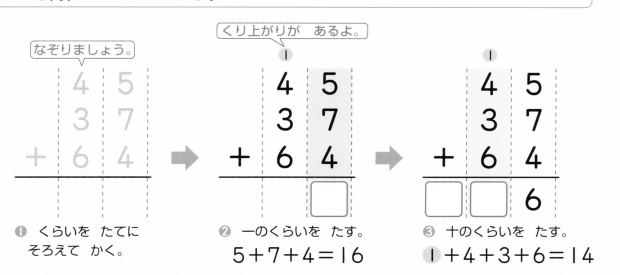

なぞりましょう。
❶ くらいを たてに そろえて かく。

くり上がりが あるよ。
❷ 一のくらいを たす。
5＋7＋4＝16

❸ 十のくらいを たす。
1＋4＋3＋6＝14

❸ 計算を しましょう。
教科書 105ページ❷

① 
```
  3 5
  4 0
＋2 1
```

② 
```
  5 2
  3 6
＋8 7
```

③ 
```
  4 5
  2 7
＋7 3
```

④ 
```
  8 1
  4 8
＋6 7
```

⑤ 
```
  3 9
  6 4
＋4 7
```

⑥ 
```
  2 5
  8 6
＋1 9
```

⑦ 
```
  5 8
  1 4
＋8 9
```

⑧ 
```
  6 9
  9 7
＋2 8
```

❹ 公園に はとが 65わ、すずめが 88わ、からすが 17わ います。 とりは あわせて 何わ いますか。
教科書 105ページ❶
ひっ算

しき

答え（　　　　　　）

おうちのかたへ　筆算の考え方は、一の位から十の位へくり上げたときと同じです。3つの数のたし算では、くり上がる数が2になることもあります。また、百の位の数の書き忘れに注意しましょう。

51

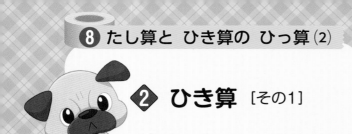
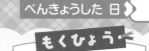
② **ひき算** [その1]

**もくひょう**
百のくらいから
くり下がる ひき算の
しかたを 考えよう。

おわったら
シールを
はろう

# きほんのワーク

教科書 ㊤ 107〜108ページ　答え 17ページ

**きほん 1**  くり下がりが 1回 ある ひき算が わかりますか。

☆ 124−53を ひっ算で します。❶、❷、❸の じゅんに 計算を しましょう。

なぞりましょう。

```
  1 2 4        1 2 4
−   5 3   ➡  −   5 3
            _____
                  □
```

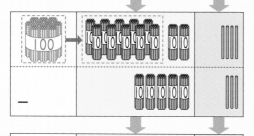

❶ くらいを たてに そろえて かく。

❷ 一のくらいを ひく。
4−3＝1

```
  1 2 4
−   5 3
_____
  □   1
```

十のくらいが ひけない ときは、百のくらいから くり下げるよ。

❸ 十のくらいを ひく。
2から 5は ひけないので 百のくらいから 1 くり下げる。
12−5＝7

**1** 計算を しましょう。

教科書 107ページ ▲

❶
```
  1 6 4
−   7 2
```
❷
```
  1 2 8
−   4 3
```
❸
```
  1 8 7
−   9 7
```
❹
```
  1 0 5
−   6 1
```

**2** あいりさんは あめを 138こ もって いました。いままでに 45こ 食べました。あと 何こ のこって いますか。 ひっ算

教科書 107ページ 1

しき

答え（　　　　　　）

**さんすうはかせ** きみは ラッキー7と いう ことばを 聞いた ことが ないかな？ 7は せかいの いろいろな 国で 「聖なる 数字」と して 大切に されて いるんだって。

☆ 153−78を ひっ算で します。❶、❷、❸の じゅんに 計算を しましょう。

❶ くらいを たてに そろえて かく。

なぞりましょう。

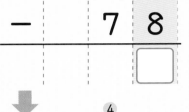

くり下がりが あるよ。

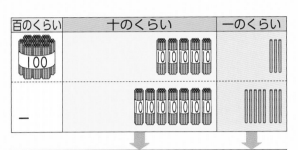

❷ 一のくらいを ひく。
　3から 8は
ひけないので
十のくらいから
１ くり下げる。
13−8＝5

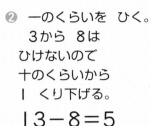

❸ 十のくらいを ひく。
　4から 7は
ひけないので
百のくらいから
１ くり下げる。
１4−7＝7

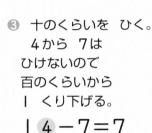

---

**3** 計算を しましょう。　　　　　　　　📖教科書 108ページ 5 6

① 
```
  1 4 3
−   7 5
```

② 
```
  1 3 1
−   6 8
```

③ 
```
  1 2 4
−   8 6
```

④ 
```
  1 7 6
−   9 7
```

⑤ 
```
  1 6 2
−   6 7
```

⑥ 
```
  1 5 3
−   5 8
```

⑦ 
```
  1 4 5
−   4 9
```

⑧ 
```
  1 1 1
−   1 2
```

**4** おはじきが 168こ あります。79こ あげると、 のこりは 何こに なりますか。　📖教科書 108ページ

しき

ひっ算

答え（　　　　　　　）

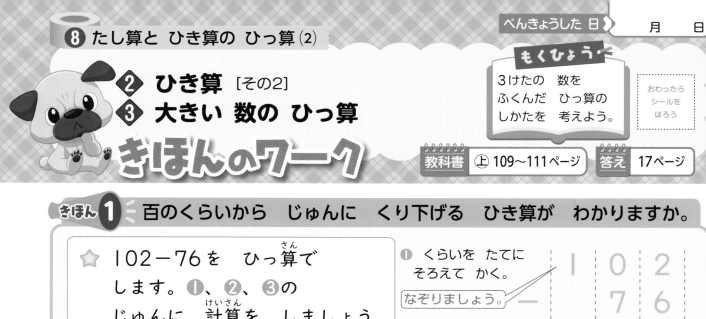

❷ **ひき算** [その2]
❸ **大きい 数の ひっ算**

きほんのワーク

もくひょう
3けたの 数を
ふくんだ ひっ算の
しかたを 考えよう。

おわったら
シールを
はろう

教科書 ⤴109〜111ページ　答え 17ページ

きほん❶ 百のくらいから じゅんに くり下げる ひき算が わかりますか。

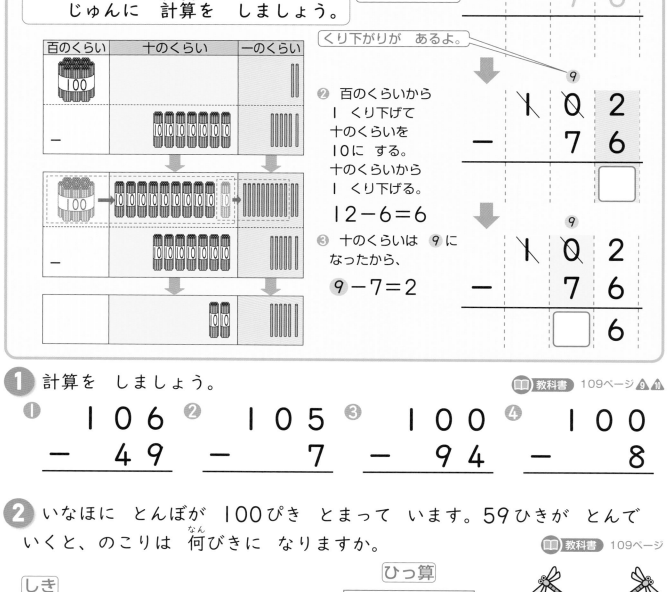

☆ 102−76を ひっ算で
します。❶、❷、❸の
じゅんに 計算を しましょう。

❶ くらいを たてに
そろえて かく。
なぞりましょう。

くり下がりが あるよ。

❷ 百のくらいから
1 くり下げて
十のくらいを
10に する。
十のくらいから
1 くり下げる。
12−6=6

❸ 十のくらいは 9に
なったから、
9−7=2

❶ 計算を しましょう。　　　　　　　　　📖教科書 109ページ ❾ ❿

❶　 1 0 6
　−　 4 9

❷　 1 0 5
　−　　 7

❸　 1 0 0
　−　 9 4

❹　 1 0 0
　−　　 8

❷ いなほに とんぼが 100ぴき とまって います。59ひきが とんで
いくと、のこりは 何びきに なりますか。　　　📖教科書 109ページ

しき

ひっ算

答え（　　　　　　　）

日本では 8は 吉の 数だ。八の 字が すえひろがりで えんぎの いい 数だと
されて いるよ。でも えんぎの わるい 数と 思われて いる 国も あるんだ。

① 145＋28を ひっ算で しましょう。

2けたの ときと 同じように 計算できるよ。

百のくらいを わすれずに かこうね。

② 274－56を ひっ算で しましょう。

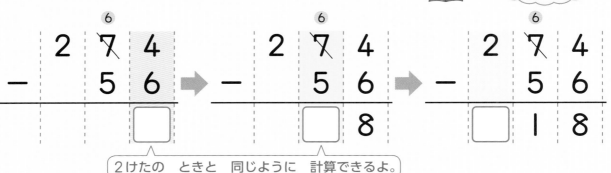

2けたの ときと 同じように 計算できるよ。

③ 計算を しましょう。　教科書 111ページ②

| ① | ② | ③ |
|---|---|---|
| 679 | 236 | 908 |
| ＋ 15 | ＋ 54 | ＋ 7 |

| ④ | ⑤ | ⑥ |
|---|---|---|
| 387 | 465 | 504 |
| － 29 | － 57 | － 2 |

④ 赤い 花が 254本、白い 花が 36本 あります。
ちがいは 何本ですか。　　教科書 111ページ

しき

ひっ算

答え（　　　　　　　）

おうちのかたへ　今までに習った2けたの計算をもとにして、3けたをふくむ筆算のしかたを学習します。
けた数が増えても、計算のしかたは同じになることを体感しましょう。

# れんしゅうのワーク

できた 数

／13もん 中

おわったら
シールを
はろう

教科書 ⬆102〜113ページ　答え 18ページ

**1** ひっ算を つかって　下の あから くまでの 計算を して、①から ⑤までの もんだいに、あから くまでの きごうで 答えましょう。

⑥
```
  1 5 2
−   8 8
```

⑦
```
    3 4
+   6 7
```

⑧
```
  2 7 4
−   4 7
```

⑤
```
    9 7
+     5
```

⑨
```
  1 3 6
−   7 1
```

⑩
```
    6 2
    1 5
+   2 4
```

⑪
```
  1 0 2
−   3 9
```

⑫
```
    6 5
+   9 8
```

① 答えが 同じに なるのは どれと どれですか。

（　　　　と　　　　）

② 答えが いちばん 大きく なるのは どれですか。

（　　　　）

③ 答えが 2番目に 小さく なるのは どれですか。

（　　　　）

④ 答えが 2けたに なるのは どれですか。ぜんぶ かきましょう。

（　　　　）

⑤ 答えの ちがいが 100に なるのは どれと どれですか。

（　　　　と　　　　）

**できるナビ**　答えを 小さい じゅんに ならべて みると、わかりやすく なるね。計算は ていねいに まちがえないように しよう！

# まとめのテスト

時間 20分

とく点 ／100点

おわったら シールを はろう

**1** 147−52の 計算を します。□に あてはまる 数を かきましょう。

1 つ10〔20点〕

```
   1 4 7
 −   5 2
```

① 一のくらいの 計算　7−2＝5
② 十のくらいの 計算
　百のくらいから 1 くり下げて 14−5＝□
③ 147−52＝□

**2** よく出る 計算を しましょう。

1 つ 5〔40点〕

❶
```
   5 2
 + 8 4
```

❷
```
   6 9
 + 7 3
```

❸
```
   1 2 8
 −   7 4
```

❹
```
   1 4 5
 −   6 7
```

❺
```
   7 7
   4 6
 + 6 8
```

❻
```
   6 3 2
 +   4 9
```

❼
```
   1 0 1
 −   2 5
```

❽
```
   9 6 7
 −   3 9
```

**3** 答えが 正しければ 〇、まちがって いれば 正しい 答えを かきましょう。

1 つ 5〔20点〕

❶
```
   5 7
 + 9 0
 ─────
   1 4 7
```
(　　　　)

❷
```
   8 6
 + 6 5
 ─────
   1 4 1
```
(　　　　)

❸
```
   1 6 4
 −   3 2
 ─────
     3 2
```
(　　　　)

❹
```
   1 0 2
 −   5 8
 ─────
     5 4
```
(　　　　)

**4** 色紙が 143まい あります。79まい つかうと 何まい のこりますか。

1 つ10〔20点〕

しき

答え (　　　　　　　)

チェック ✓
□ 百のくらいに くり上がる たし算の ひっ算が できたかな？
□ 百のくらいから くり下がる ひき算の ひっ算が できたかな？

**いろいろに 考えて まとめて 考えて**

## きほんのワーク

もくひょう
図を　つかって　ふえ
たり　へったりする
数を　考えよう。

おわったら
シールを
はろう

教科書 ㊤ 114〜117ページ　　答え 18ページ

---

**きほん 1**　ふえたり　へったり　する　数を　まとめて　考える　ことが　できますか。

☆ シールを　17まい　もって　いました。きのう　4まい　もらいました。今日（きょう）　6まい　もらいました。

❶ もらった　シールは　何（なん）まいですか。

きのうと　今日で　もらったのは？

　□ まい

はじめ
17まい

ふえた　まい数（すう）は　4+6　だね。

❷ シールは　ぜんぶで　何まいに　なりましたか。

しき □　　　　　答え □ まい

---

**きほん 2**

☆ すずめが　24わ　いました。そこへ　8わ　とんで　きました。その　あと　3わ　とんで　いきました。

❶ すずめは　何わ　ふえましたか。

8わ　とんで　きて、3わ　とんで　いったから…。

□ わ

はじめ
24わ

ふえた　数（かず）は　8−3　だね。

❷ すずめは　いま　何わ　いますか。

しき □　　　　　答え □ わ

---

**1** 公園（こうえん）で　28人　あそんで　いました。そこから　6人　帰（かえ）りました。その　あと　4人　帰りました。いま　何人　あそんで　いますか。

📖 教科書 116ページ 1 2

はじめ
28人

しき □　　　　　答え（　　　　　）

---

**58**

おうちのかたへ 「4枚もらった」と「6枚もらった」を「10枚もらった」とまとめて考えれば、考える要素が1つ減ることになります。まとめて考えることのよさを理解しましょう。

# まとめのテスト

時間 20分

とく点 ／100点

おわったら シールを はろう

教科書 上 114〜117ページ 答え 18ページ

**1** 花が 13本 さいて いました。きのう 8本 さきました。今日 2本 さきました。いま 何本 さいて いますか。 1つ10〔20点〕

はじめ 13本

しき

答え（ ）

**2** ゆみさんは おはじきを 26こ もって いました。お姉さんから 7こ もらい、妹に 5こ あげました。いま 何こ もって いますか。 1つ10〔20点〕

はじめ 26こ

しき

答え（ ）

**3** あきらさんは クリップを 33こ もって いました。弟に 7こ あげて、妹に 3こ あげました。いま 何こ もって いますか。 1つ15〔30点〕

はじめ 33こ

しき

答え（ ）

**4** あめを 40こ もって いました。4こ 食べましたが、あとで お母さんから 9こ もらいました。いま あめは 何こ ありますか。 1つ15〔30点〕

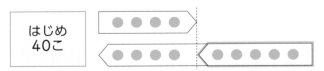

はじめ 40こ

しき

答え（ ）

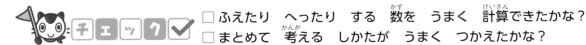

□ ふえたり へったり する 数を うまく 計算できたかな？
□ まとめて 考える しかたが うまく つかえたかな？

# （　）を つかった しき

## きほんのワーク

**きほん ①** じゅんじょを くふうした 計算が できますか。

☆ 教室に 子どもが 16人 いました。
そこへ 7人 はいって きました。
また 3人 はいって きました。
子どもは 何人に なりましたか。

〔たつやさんの 考え方〕…じゅんに たして 考えましょう。

16＋7＝□

はじめ 16人

□＋3＝□　これを 1つの しきに あらわそう。

**しき** □＋□＋□＝□　**答え** □人

〔まさみさんの 考え方〕…ふえた 数を まとめて 考えましょう。

7＋3＝□

はじめ 16人

16＋□＝□　（　）を つかって 1つの しきに できるかな？

・まとめて たす ときは （　）を つかって あらわします。

**しき** 16＋（□＋□）＝□　**答え** □人

💫 **たいせつ**
・まとめて 考える しかたは、（　）を つかって 1つの しきに かく ことが できます。
・（　）の 中は さきに 計算します。
・じゅんに たしても、まとめて たしても、答えは 同じです。

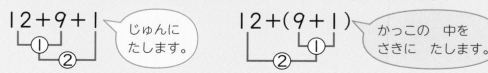

12＋9＋1　じゅんに たします。　　12＋（9＋1）　かっこの 中を さきに たします。

さんすうはかせ　たし算では、計算の じゅんじょを くふうすると 計算が かんたんに なるときが あるよ。ひき算では、じゅんじょを かえると 正しい 答えに ならないときが あるよ。

**1** 27＋8＋2 を 2とおりの しかたで 計算します。□に あてはまる
数や ことばを かきましょう。 教科書 118ページ**1**

［じゅんに たす］

① 27＋8＝ ☐　　② ☐ ＋2＝ ☐

［まとめて たす］

① 8＋2＝ ☐　　② 27＋ ☐ ＝ ☐

・まとめて たす ときは （ ）を つかって 1つの しきに かく
ことが できます。

27＋8＋2＝ ☐ ＋（8＋ ☐ ）

あてはまる ことばを かこう。

・じゅんに たしても、まとめて たしても、答えは ☐ です。

**2** のりと おり紙と えんぴつを
買いました。
みんなで 何円ですか。 教科書 119ページ**3**

① じゅんに たして 計算しましょう。

93円　　65円　　35円

しき

答え （ ）

② おり紙と えんぴつの お金を まとめて たして 計算しましょう。

しき

 （ ）を つかって 1つの
しきに あらわそう。

答え （ ）

**3** 計算を しましょう。 教科書 119ページ**4**

❶㋐ 18＋6＋4　　❷㋐ 25＋2＋3　　❸㋐ 64＋17＋3

　㋑ 18＋（6＋4）　　㋑ 25＋（2＋3）　　㋑ 64＋（17＋3）

おうちのかたへ　たし算では、計算の順序を変えても答えは同じで、順序を工夫することで計算が簡単になる
ことを理解しましょう。また、（ ）を使って式に表せるようになりましょう。

# れんしゅうのワーク

教科書 ⊥118〜119ページ　答え 19ページ

できた 数

／12もん 中

## 1 計算の じゅんじょ

みなとに 船が 15そう とまって いました。
そこへ 4そう はいって きました。
また、6そう はいって きました。
船は 何そうに なりましたか。
□に あてはまる 数を かきましょう。

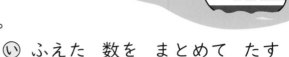

あ じゅんに たす

$$15 + 4 = \boxed{\phantom{00}}$$

$$\boxed{\phantom{00}} + 6 = \boxed{\phantom{00}}$$

答え $\boxed{\phantom{00}}$ そう

い ふえた 数を まとめて たす

$$4 + 6 = \boxed{\phantom{00}}$$

$$15 + \boxed{\phantom{00}} = \boxed{\phantom{00}}$$

答え $\boxed{\phantom{00}}$ そう

## 2 （ ）を つかった しき

おかしやさんに あめを 買いに
いきます。ふくろの 大きさが
3しゅるい あります。大の ふくろが
80円、中の ふくろが 60円、小の
ふくろが 40円です。
3しゅるいの あめを ぜんぶ 買うと 何円ですか。
2とおりの しかたで 計算しましょう。

大

80円

中
60円

小
40円

あ しき 80＋60＋40＝　　答え（　　　　　）

い しき 　　　　　　　　　　　　答え（　　　　　）

（ ）を つかった しきに しよう。

できる ナビ　じゅんに たしても まとめて たしても、答えは 同じだね。まとめて たす ときは、
（ ）を つかって 1つの しきに かく ことが できるよ。

# まとめのテスト

時間 **20** 分

とく点

／100点

おわったら
シールを
はろう

教科書 ⤒118〜119ページ　　答え 19ページ

**1** 赤い 花が 18こ、白い 花が 7こ、青い 花が 3こ あります。
あわせて 何こ ありますか。□に あてはまる 数を かきましょう。

　あ　ゆいなさん　　　　　　　　　　　　　い　はるきさん　　　　　　　1つ5〔45点〕

　18＋7＝□　　じゅんに
たすよ。　　　　　7＋3＝□　　まとめて
たすよ。

　□＋3＝□　　　　　　　　　18＋□＝□

　　　　　答え □こ　　　　　　　　　　　　答え □こ

○を つけよう。

　あの 計算と いの 計算は （ちがう／同じ） 答えに なります。

**2** 車が あります。赤が 38台、黒が 36台、白が 34台 あります。
ぜんぶで 何台 ありますか。2とおりの しかたで 計算しましょう。

1つ5〔25点〕

　あ　しき　　　　　　　　　　　　　　　　　答え （　　　　　）

　い　しき　　　　　　　　　　　　　　　　　答え （　　　　　）

○を つけよう。

　あの 計算と いの 計算は （ちがう／同じ） 答えに なります。

**3** よく出る 計算を しましょう。　　　　　　　　　　　　　　1つ5〔30点〕

　❶⑦ 19＋8＋2　　　❷⑦ 45＋1＋4　　　❸⑦ 57＋24＋6

　　④ 19＋(8＋2)　　　④ 45＋(1＋4)　　　④ 57＋(24＋6)

チェック □2とおりの 計算の 答えが 同じに なったかな？
□( )を つかって、じゅんじょを くふうして 計算が うまく できたかな？

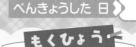
べんきょうした 日 ▶　　月　　日

① いくつ分と かけ算
② 何ばいと かけ算

**もくひょう**
かけ算の しきの
あらわし方を
学ぼう。

おわったら
シールを
はろう

## きほんのワーク

教科書 下 2〜11ページ　　答え 20ページ

---

**きほん 1** かけ算の しきに かく ことが できますか。

☆ みかんは ぜんぶで 何こ ありますか。□と ○に あてはまる
数を かきましょう。

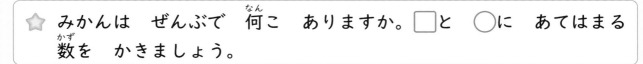

❶ 1 さらに 5 こずつの ○ さら分で 20 こ。

②
②　①
×

❷ □ × ○ = 20

1つ分の 数　いくつ分　ぜんぶの 数

5×4のような
計算を かけ算と
いうよ。

❸ 5×4の 答えは 5＋5＋□＋□＝20で
もとめられます。

---

**1** かけ算の しきに かきましょう。　　📖教科書 6・7ページ 1 2

❶

□ × □ = □

❷

□ × □ = □

---

**2** かけ算の しきに かいて 答えを もとめましょう。　　📖教科書 6・7ページ 1 2

答えは たし算で
もとめられるね。

しき □ × □ = □　　答え （　　　　）

---

**3** つぎの かけ算の 答えを もとめましょう。📖教科書 8・9ページ 3 4 5

❶ 2×3＝□　　❷ 6×3＝□　　❸ 8×2＝□

---

**さんすうはかせ**
「2つ分」の ことを 2ばい、「3つ分」の ことを 3ばいと いうよ。3の 2ばいは
3の 2つ分の ことだから、3の 2ばいも かけ算に なるよ。

☆ 5cmの テープが あります。

2つ分は 2ばい、
3つ分は 3ばい、
4つ分は 4ばいと
いうよ。

❶ 2つ分の 長さは 何cmに なりますか。

|—5cm—|—5cm—|

5cmの 2つ分の ことを、5cmの □ **ばい**とも いいます。

5の 2ばい 5×2

$5×2=$ □     2つ分の 長さは… □ cm

❷ 5cmの 1つ分の ことを、5cmの □ **ばい**と いい、

□ × □ と しきに かきます。

---

**4** 下の 直線の 長さは、3cmの 4ばいです。直線の 長さは
何cmですか。かけ算の しきに かいて もとめましょう。 📖教科書 11ページ❷

|—3cm—|————|————|————|

[しき]

答えは
3+3+3+3で
もとめられるね。

答え（            ）

**5** いくつに なりますか。 📖教科書 11ページ❸

❶ [▢▢] の 3ばい          （            ）

❷ ○○○○○ の 2ばい          （            ）

❸ [●●●●●●] の 2ばい          （            ）

❹ 🍬🍬🍬🍬 の 5ばい          （            ）

おうちのかたへ　かけ算の式に表すことを覚えます。（1つ分の数）×（いくつ分）＝（全部の数）になることを
おさえましょう。九九はこれから学習するので、答えはたし算で求めます。

## ③ かけ算の 九九 [その1]

**もくひょう**
5のだん、2のだんの 九九を おぼえよう。

おわったら シールを はろう

# きほんのワーク

教科書 ⑦ 12〜16ページ　答え 20ページ

**きほん 1**　5のだんの 九九を おぼえましたか。

⭐ かけ算の しきに かきましょう。

こえに 出して おぼえよう。

の 4はこ分
5こ

 × □ = □

1つ分の 数　いくつ分　ぜんぶの 数

5のだんの 九九では、
答えが じゅんに □ ずつ
ふえて いきます。

| | |
|---|---|
| 5×1= 5 | 五一が 5 |
| 5×2= 10 | 五二 10 |
| 5×3= 15 | 五三 15 |
| 5×4= 20 | 五四 20 |
| 5×5= 25 | 五五 25 |
| 5×6= 30 | 五六 30 |
| 5×7= 35 | 五七 35 |
| 5×8= 40 | 五八 40 |
| 5×9= 45 | 五九 45 |

**1** かけ算を しましょう。

教科書 14ページ②

① 5×4　　　② 5×5　　　③ 5×1

④ 5×9　　　⑤ 5×2　　　⑥ 5×7

⑦ 5×3　　　⑧ 5×8　　　⑨ 5×6

**2** 1つの はこに ドーナツが 5こずつ はいって います。6はこでは 何こに なりますか。

教科書 14ページ③

しき　　　　　　　　　　　　　　答え（　　　　　　）

**3** かん字の かきとりを 1日に 5こずつ します。8日間では 何こ できますか。

教科書 14ページ④

しき　　　　　　　　　　　　　　答え（　　　　　　）

**さんすうはかせ** 九九は むかし(奈良時代) 中国から つたえられたよ。中国から つたわった ときに 九九81から 下に となえたから 「九九」と いわれるように なったんだ。

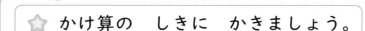
☆ かけ算の　しきに　かきましょう。

声に　出して　おぼえよう。

 の　5さら分

□ × □ = □

2のだんの　九九では、

答えが　じゅんに　□　ずつ

ふえて　いきます。

5のだんでは
5ずつ　ふえて　いた…。

| | | |
|---|---|---|
| 2×1= 2 | にいち　二一が | 2 |
| 2×2= 4 | ににん　二二が | 4 |
| 2×3= 6 | にさん　二三が | 6 |
| 2×4= 8 | にし　二四が | 8 |
| 2×5= 10 | にご　二五 | 10 |
| 2×6= 12 | にろく　二六 | 12 |
| 2×7= 14 | にしち　二七 | 14 |
| 2×8= 16 | にはち　二八 | 16 |
| 2×9= 18 | にく　二九 | 18 |

**4** かけ算を　しましょう。　　　　　　📖 教科書 16ページ2

① 2×4　　　② 2×3　　　③ 2×9

④ 2×8　　　⑤ 2×1　　　⑥ 2×5

⑦ 2×2　　　⑧ 2×7　　　⑨ 2×6

**5** 2cmの　7ばいの　長さは　何cmですか。　　📖 教科書 16ページ3

├─ 2cm ─┤

しき

答え（　　　　　　　　）

**6** 1さらに　おすしが　2こずつ　のって　います。
6さらでは　何こに　なりますか。　📖 教科書 16ページ4

しき

答え（　　　　　　　　）

**7** せんべいを　1人に　2まいずつ　くばります。8人に　くばるには、
せんべいは　何まい　いりますか。
　　　　　　　　　　　　　　　　📖 教科書 16ページ4

しき

答え（　　　　　　　　）

❸　かけ算の 九九 [その2]

もくひょう
3のだん、4のだんの
九九を おぼえよう。

おわったら
シールを
はろう

# きほんのワーク

教科書　下 17〜20ページ　　答え　21ページ

きほん❶　3のだんの 九九を おぼえましたか。

⭐ かけ算の しきに かきましょう。

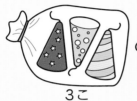
の 5つ分
3こ

□ × □ = □

3のだんの 九九では、
答えが じゅんに □ ずつ
ふえて いきます。

声に 出して おぼえよう。

| 3×1= 3 | 三一が 三 |
|---|---|
| 3×2= 6 | 三二が 六 |
| 3×3= 9 | 三三が 九 |
| 3×4= 12 | 三四 12 |
| 3×5= 15 | 三五 15 |
| 3×6= 18 | 三六 18 |
| 3×7= 21 | 三七 21 |
| 3×8= 24 | 三八 24 |
| 3×9= 27 | 三九 27 |

❶ かけ算を しましょう。　　　　　　教科書 18ページ②

① 3×8　　　　② 3×1　　　　③ 3×6

④ 3×2　　　　⑤ 3×4　　　　⑥ 3×9

⑦ 3×7　　　　⑧ 3×3　　　　⑨ 3×5

❷ えんぴつを 1人に 3本ずつ くばります。　教科書 18ページ③▲

① 6人に くばるには、えんぴつは 何本 いりますか。

しき　　　　　　　　　　　　答え (　　　　　)

② 1人 ふえて、7人に くばる ことに しました。えんぴつは
ぜんぶで 何本 いりますか。

しき　　　　　　　　　　　　答え (　　　　　)

さんすうはかせ　九九には 「二二が 4」のように、間に 「が」を 入れる ときと 入れない ときが
あるよね。「が」を 入れるのは 答えが 1けたの ときだよ。

⭐ かけ算の しきに かきましょう。

声に 出して おぼえよう。

 の 3グループ分

4人

□ × □ = □

4のだんの 九九では、

答えが じゅんに □ ずつ

ふえて いきます。

| | | |
|---|---|---|
| 4×1= 4 | 四一が | 4 |
| 4×2= 8 | 四二が | 8 |
| 4×3= 12 | 四三 | 12 |
| 4×4= 16 | 四四 | 16 |
| 4×5= 20 | 四五 | 20 |
| 4×6= 24 | 四六 | 24 |
| 4×7= 28 | 四七 | 28 |
| 4×8= 32 | 四八 | 32 |
| 4×9= 36 | 四九 | 36 |

**3** かけ算を しましょう。　　　　　　　　　　📖 教科書 20ページ**2**

① 4×3　　　　② 4×5　　　　③ 4×8

④ 4×6　　　　⑤ 4×2　　　　⑥ 4×9

⑦ 4×4　　　　⑧ 4×7　　　　⑨ 4×1

**4** 1はこに 4こずつ ケーキを 入れて いきます。
8はこでは 何こに なりますか。　📖 教科書 20ページ**3**

 しき

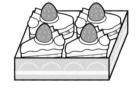

答え (　　　　　　　　　)

**5** あつさ 4mmの ノートを 9さつ つむと、
9ばいの 高さに なります。高さは ぜんぶで
何mmに なりますか。　📖 教科書 20ページ**4**

しき

答え (　　　　　　　　　)

 おうちのかたへ　3の段、4の段の九九の学習を通して、かける数が1増えると、答えはかけられる数だけ増えることを学びます。また、1つ分の数は何か、をきちんととらえるようにします。

❸ **かけ算の 九九** [その3]

もくひょう
かけられる数と
かける数を　学ぼう。

おわったら
シールを
はろう

# きほんのワーク

**きほん①　かけられる数と　かける数が　わかりますか。**

☆ りんごの　かごが　4つ　あります。1つの　かごには、りんごが　3こずつ　はいって　います。りんごは　ぜんぶで　何こ　ありますか。

1つ分の　数は □ で、　その □ つ分だから、

1つ分の　数が　**かけられる数**　　その　いくつ分の　数が　**かける数**

しきは　3×4に　なります。

かけられる数 × かける数

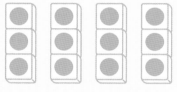

**しき** □ = □ 　　**答え** □ こ

**1** テープを　5本　つなぎます。テープ　1本の　長さは　4cmです。ぜんぶで　何cmに　なりますか。

📖教科書 21ページ②

4cm

**しき**　　　　　　　　　　答え （　　　　　　）

**2** 色紙を　6まい　買います。1まい　3円の　色紙を　買うと、何円に　なりますか。

📖教科書 21ページ❶③

**しき**　　　　　　　　　　答え （　　　　　　）

**3** じどう車が　7台　あります。1台に　5人ずつ　のれます。ぜんぶで　何人　のれますか。

📖教科書 21ページ❶③

**しき**　　　　　　　　　　答え （　　　　　　）

**おうちのかたへ**　かけられる数とかける数を確認し、正しく式をつくることができるようにします。「かける(×)」の前がかけられる数で、後がかける数です。

# まとめのテスト

時間 **20**分

とく点

／100点

おわったら
シールを
はろう

教科書 ⓪ 2～23ページ　答え 21ページ

**1** 4この 5つ分を かけ算の しきに かきましょう。また、4この 5つ分を あらわして いる ものを ⑦～⑦から えらびましょう。1つ10〔20点〕

⑦

⑦

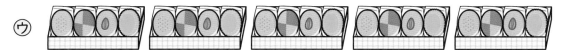

⑦

しき

⑦～⑦の
どれ？　⇒（　　　　　）

**2** よく出る かけ算を しましょう。　1つ5〔45点〕

① 4×6　　② 3×8　　③ 2×9

④ 5×2　　⑤ 2×4　　⑥ 4×7

⑦ 4×4　　⑧ 5×9　　⑨ 3×5

**3** くしだんごを つくります。くし 1本に だんごを 3こ さします。

① 4本 つくるには、だんごは 何こ いりますか。　1つ5〔15点〕

しき　　　　　　　　　　　　　　答え（　　　　　）

② くしだんごが 1本 ふえると、だんごは 何こ ふえますか。

（　　　　　）

**4** 長いすが 7つ あります。1つの 長いすに 5人ずつ すわります。みんなで 何人 すわれますか。　1つ10〔20点〕

しき　　　　　　　　　　　　　　答え（　　　　　）

ふろくの「計算れんしゅうノート」18～19ページをやろう！

□ 2のだんから 5のだんまでの 九九が おぼえられたかな？
□ 文で あらわされた もんだいを しきに あらわせたかな？

71

### ① 九九づくり [その1]

もくひょう
6のだん、7のだんの
九九を おぼえよう。

おわったら
シールを
はろう

## きほんのワーク

教科書 ⓣ 24〜28ページ    答え 22ページ

**きほん 1** 6のだんの 九九を つくる ことが できますか。

⭐ 6のだんの 九九を、つくりましょう。

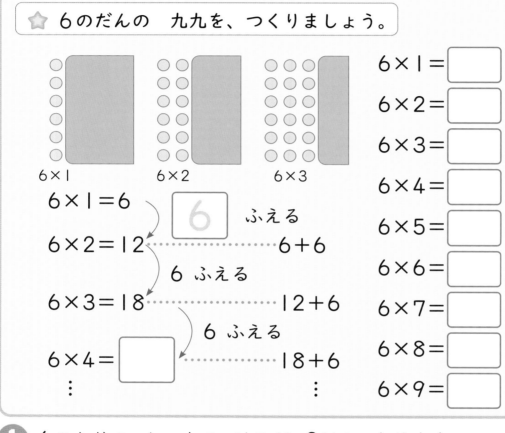

6×1    6×2    6×3

$6×1=6$

6 ふえる

$6×2=12$ ·········· 6+6

6 ふえる

$6×3=18$ ·········· 12+6

6 ふえる

$6×4=\boxed{\phantom{00}}$ ·········· 18+6

⋮    ⋮

6×1=□
6×2=□
6×3=□
6×4=□
6×5=□
6×6=□
6×7=□
6×8=□
6×9=□

声に 出して
おぼえよう。

| | | |
|---|---|---|
| ろくいち 六一 が | ろく 6 | |
| ろく に 六二 | じゅうに 12 | |
| ろくさん 六三 | じゅうはち 18 | |
| ろく し 六四 | にじゅうし 24 | |
| ろく ご 六五 | さんじゅう 30 | |
| ろくろく 六六 | さんじゅうろく 36 | |
| ろくしち 六七 | しじゅうに 42 | |
| ろく は 六八 | しじゅうはち 48 | |
| ろっく 六九 | ごじゅうし 54 | |

**1** 6こ入りの ケーキの はこが 3はこ あります。
ケーキは ぜんぶで 何こ ありますか。📖教科書 26ページ**3**

しき

答え (          )

**2** えんぴつを くばります。子ども 7人に 6本ずつ
くばると、何本 いりますか。    📖教科書 26ページ**4**

しき

答え (          )

 さんすうはかせ 「×」の 記ごうは イギリスの 数学しゃ オートレッドが つかい はじめたと
いわれて いるよ。キリスト教の 十字かを ななめに したとも いわれて いるんだ。

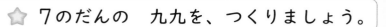

☆ 7のだんの 九九を、つくりましょう。

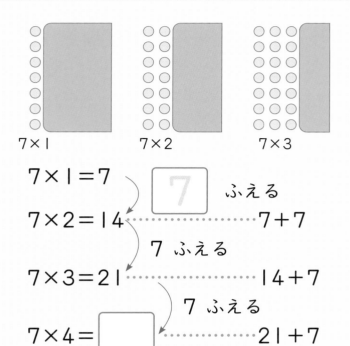

7×1　7×2　7×3

7×1=7

7 ふえる

7×2=14 ‥‥‥‥‥‥ 7+7

7 ふえる

7×3=21 ‥‥‥‥‥‥ 14+7

7 ふえる

7×4=□ ‥‥‥‥‥ 21+7

⋮　　　　　⋮

7×1=□

7×2=□

7×3=□

7×4=□

7×5=□

7×6=□

7×7=□

7×8=□

7×9=□

声に 出して おぼえよう。

| | |
|---|---|
| しちいち 七一が | しち 7 |
| しちに 七二 | じゅうし 14 |
| しちさん 七三 | にじゅういち 21 |
| しちし 七四 | にじゅうはち 28 |
| しちご 七五 | さんじゅうご 35 |
| しちろく 七六 | しじゅうに 42 |
| しちしち 七七 | しじゅうく 49 |
| しちは 七八 | ごじゅうろく 56 |
| しちく 七九 | ろくじゅうさん 63 |

**3** 1週間は 7日です。3週間は 何日ですか。　📖教科書 28ページ3

しき

答え（　　　　　）

| 日 | 月 | 火 | 水 | 木 | 金 | 土 |
|---|---|---|---|---|---|---|
| 1 | 2 | 3 | 4 | 5 | 6 | 7 |
| 8 | 9 | 10 | 11 | 12 | 13 | 14 |
| 15 | 16 | 17 | 18 | 19 | 20 | 21 |

**4** 長さが 7cmの リボンが あります。この リボンの 8ばいの 長さは 何cmですか。　📖教科書 28ページ4

7cm

しき

答え（　　　　　）

**5** 色紙を くばります。子ども 5人に 7まいずつ くばると、何まい いりますか。　📖教科書 28ページ4

しき　　　　　　　　　　答え（　　　　　）

**おうちのかたへ** 6の段、7の段の九九を学習します。2年生の多くがつまずくのが、7の段の九九です。声に出して、何度も唱えることで、自然に身につけるようにしましょう。

**❶ 九九づくり** ［その2］

もくひょう

8のだん、9のだん、1のだんの　九九を　おぼえよう。

おわったら　シールを　はろう

## きほんのワーク

教科書　下 29〜34ページ　　答え　22ページ

**きほん 1**　8のだん、9のだんの　九九を　つくる　ことが　できますか。

⭐ 8のだん、9のだんの　九九を　つくりましょう。

8×1 =☐
8×2 =☐
8×3 =☐
8×4 =☐
8×5 =☐
8×6 =☐
8×7 =☐
8×8 =☐
8×9 =☐

声に　出して　おぼえよう。

| | |
|---|---|
| はちいち　八一が | はち　8 |
| はち に　八二 | じゅうろく　16 |
| はちさん　八三 | にじゅうし　24 |
| はち し　八四 | さんじゅうに　32 |
| はち ご　八五 | しじゅう　40 |
| はちろく　八六 | しじゅうはち　48 |
| はちしち　八七 | ごじゅうろく　56 |
| はっぱ　八八 | ろくじゅうし　64 |
| はっく　八九 | しちじゅうに　72 |

9×1 =☐
9×2 =☐
9×3 =☐
9×4 =☐
9×5 =☐
9×6 =☐
9×7 =☐
9×8 =☐
9×9 =☐

声に　出して　おぼえよう。

| | |
|---|---|
| く いち　九一が | く　9 |
| く に　九二 | じゅうはち　18 |
| く さん　九三 | にじゅうしち　27 |
| く し　九四 | さんじゅうろく　36 |
| く ご　九五 | しじゅうご　45 |
| く ろく　九六 | ごじゅうし　54 |
| く しち　九七 | ろくじゅうさん　63 |
| く は　九八 | しちじゅうに　72 |
| く く　九九 | はちじゅういち　81 |

**1** 8cmの　紙テープの　4ばいの　長さは　何cmですか。　📖教科書 30ページ③

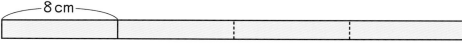

└8cm┘

しき　　　　　　　　　　　　　　　　　　　　　　答え（　　　　　　　）

**2** 9チームで　サッカーの　しあいを　します。1チームは　8人です。みんなで　何人　いますか。　📖教科書 30ページ④

しき　　　　　　　　　　　　　　　　　　　　　　答え（　　　　　　　）

**3** 1はこ　9こ入りの　おかし　7はこ分では　何こに　なりますか。

しき　　　　　　　　　　　　　答え（　　　　　　　）　📖教科書 31ページ⑦⑧

さんすうはかせ　9のだんの　九九の　答えは、一のくらいの　数と　十のくらいの　数を　たすと、ぜんぶ　9に　なるよ。9、1＋8＝9、2＋7＝9、3＋6＝9、… たしかめて　みよう。

☆ いちごと プリンの 数を しらべましょう。

❶ いちごの 数を もとめる
しきを かきましょう。

しき $2 \times 4 = $ ☐

答え 8こ

❷ プリンの 数を もとめる
しきを かきましょう。

しき ☐ $\times 4 = $ ☐

| のだんの 九九だね。

答え 4こ

$1 \times 1 = $ ☐
$1 \times 2 = $ ☐
$1 \times 3 = $ ☐
$1 \times 4 = $ ☐
$1 \times 5 = $ ☐
$1 \times 6 = $ ☐
$1 \times 7 = $ ☐
$1 \times 8 = $ ☐
$1 \times 9 = $ ☐

声に 出して
おぼえよう。

| いんいち 一一が | いち 1 |
|---|---|
| いんに 一二が | に 2 |
| いんさん 一三が | さん 3 |
| いんし 一四が | し 4 |
| いんご 一五が | ご 5 |
| いんろく 一六が | ろく 6 |
| いんしち 一七が | しち 7 |
| いんはち 一八が | はち 8 |
| いんく 一九が | く 9 |

❹  と 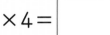 の 数を しらべましょう。

📖 教科書 32ページ **1**

❶  は 何こ ありますか。

しき 　　　　　　　　　　　答え （　　　　　）

❷ は 何こ ありますか。

しき 　　　　　　　　　　　答え （　　　　　）

❸ は 何こ ありますか。

しき 　　　　　　　　　　　答え （　　　　　）

❺ ノートを |人に |さつずつ くばると、7人では 7さつ いります。
かけ算の しきに かきましょう。

📖 教科書 32ページ **3**

しき （　　　　　　　　）

② **かけ算を つかった もんだい**
③ **図や しきを つかって**

# きほんのワーク

**きほん 1** かけ算を つかった もんだいを とく ことが できますか。

⭐ 1こ 8円の あめを 6こと、70円の チョコレートを 買いました。みんなで 何円ですか。

1こ 8円　　70円

❶ はじめに あめ 6こで 何円か もとめましょう。

しき □ × □ = □

❷ つぎに みんなで 何円か もとめましょう。

しき □ + □ = □　　答え □ 円

**1** 高さ 8cmの つみ木を 3こと、4cmの つみ木を 1こ つみます。高さは 何cmに なりますか。

📖教科書 35ページ**1**

しき

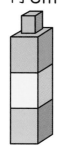

答え（　　　　）

**2** はこに クッキーが 6こずつ 4れつ はいって います。2こ 食べると、何こ のこりますか。

📖教科書 35ページ**3**

しき

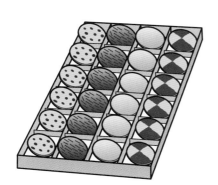

答え（　　　　）

 **さんすうはかせ** 1から 10までの 数の 読み方は、せかいの 国々に よって さまざまだ。でも、0は えい語でも、フランス語でも、イタリア語でも 「ゼロ」と はつ音するんだって。

☆ 右の 図の ●は 何こ ありますか。

### しょうへいさんの 考え

たてに 見ると、4こずつが 2れつと
2こずつが 6れつ ならんで います。

4×2=☐　☐×☐=☐

☐ + ☐ = ☐　答え ☐ こ

同じ 数の まとまりに 目を つけよう。

### ともみさんの 考え

右の 図のように ○を 考えると、
ぜんたいは 4こずつが 8れつ、ない
ところは 2こずつが 6れつなので、

4×8=☐　☐×☐=☐

☐ − ☐ = ☐　答え ☐ こ

ぜんたいから ない ところを ひくよ。

**❸** ●の 数の もとめ方を 考えて います。考え方と
あう しきを えらんで、線で むすびましょう。

📖 教科書 36ページ**1**

あ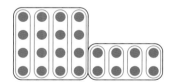

い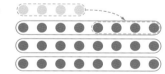

う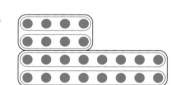

・　　　　　　　・　　　　　　　・

・　　　　　　　・　　　　　　　・

| 8×3=24 | | 4×2=8、8×2=16<br>8+16=24 | | 4×4=16、2×4=8<br>16+8=24 |
|---|---|---|---|---|

**❹** ○の 数を くふうして もとめましょう。

📖 教科書 36ページ**1**

しき

答え（　　　　　　　）

おうちのかたへ　かけ算を利用する問題を考えます。生活の中ではかけ算の式で表せる場合がたくさんあるので、身のまわりを改めて見直すことで、算数に対する興味や関心が高まります。

# ⑪ かけ算 (2)

## れんしゅうのワーク

できた 数　／14もん 中

おわったら シールを はろう

**1** 九九の きまり　□に あてはまる 数を かきましょう。

8のだんの 九九は、

8×1 = [　]、　8×2 = [　]、　8×3 = [　]、 ……

のように、答えが [　] ずつ ふえて いきます。

**2** かけ算を つかった もんだい　おかしは ぜんぶで 何こ ありますか。

❶ かけ算と たし算を つかって しきを つくり、答えを もとめましょう。

しき

答え（　　　　　）

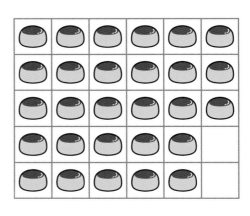

❷ かけ算と ひき算を つかって しきを つくり、答えを もとめましょう。

しき

答え（　　　　　）

**3** チャレンジ！ 6のだんの 九九　子どもが 40人 います。6人ずつの チームを つくって リレーを します。

❶ 5チーム つくると、何人 のこりますか。

しき

答え（　　　　　）

❷ 7チーム つくるには、何人 たりませんか。

しき

答え（　　　　　）

**4** チャレンジ！ かけ算の もんだい　あつさ 2cmの 本を 4さつと、あつさ 5cmの 本を 2さつ つみかさねました。高さは 何cmに なりますか。

しき

答え（　　　　　）

できる ナビ　❷ おかしの 数は、2つの ぶぶんに 分けて 計算する もとめ方と、ぜんたいから ない ところを ひく もとめ方が あるよ!

# まとめのテスト

時間 **20** 分

とく点 /100点

おわったら シールを はろう

教科書 下 24〜39ページ 答え 24ページ

**1** よく出る かけ算を しましょう。 1つ5〔45点〕

① 6×7  ② 8×6  ③ 7×8

④ 1×4  ⑤ 6×9  ⑥ 9×9

⑦ 7×3  ⑧ 9×4  ⑨ 8×5

**2** えんぴつを 1人に 6本ずつ くばります。 1つ5〔15点〕
① 8人に くばるには、えんぴつは 何本 いりますか。

しき  答え (          )

② 8人から 1人 ふえて、9人に くばる ことに なりました。
えんぴつは、あと 何本 いりますか。

(          )

**3** お楽しみ会で、1人に おかしを 3こと、ジュースを 1本 くばります。
8人分では、ジュースと おかしは、それぞれ いくつ いりますか。

しき  _____

 _____

1つ5〔20点〕

答え (おかし ____ こ、ジュース ____ 本)

**4** 1まい 9円の 色紙を 4まいと、70円の えんぴつを 1本
買いました。ぜんぶで 何円ですか。 1つ10〔20点〕

しき

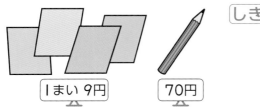

1まい 9円   70円

答え (          )

ふろくの「計算れんしゅうノート」20〜24ページをやろう！

 □6のだんから 9のだんまでと、1のだんの 九九が おぼえられたかな？
□文で あらわされた もんだいを しきに あらわせたかな？

79

**① 三角形と 四角形**

# きほんのワーク

もくひょう
三角形と 四角形を
知ろう。

おわったら
シールを
はろう

教科書　下 40〜45ページ　答え　24ページ

きほん **1**　三角形と 四角形が わかりますか。

⭐ ⑦、⑦の 形を 何と いいますか。

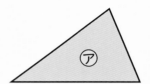
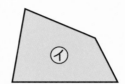

何本の
直線で
かこまれて
いるかな？

🌟 **たいせつ**

・ 3 本の 直線で かこまれて いる 形を さんかくけい 三角形、
　　　　　↑──まっすぐな 線です。

・ 4 本の 直線で かこまれて いる 形を しかくけい 四角形 と

いいます。

・ 形の なかま分けを する ときは、形を かこんで いる

[　　　　　] の 数に 目を つけます。

⑦…[　　　　　]　　　⑦…[　　　　　]

❶ 点と 点を 直線で つないで、三角形と 四角形を それぞれ 2つずつ
つくりましょう。

📖 教科書 42ページ ②

・ ・ ・ ・ ・ ・ ・ ・ ・ ・ ・ ・ ・ ・ ・ ・

・ ・ ・ ・ ・ ・ ・ ・ ・ ・ ・ ・ ・ ・ ・ ・

・ ・ ・ ・ ・ ・ ・ ・ ・ ・ ・ ・ ・ ・ ・ ・

・ ・ ・ ・ ・ ・ ・ ・ ・ ・ ・ ・ ・ ・ ・ ・

・ ・ ・ ・ ・ ・ ・ ・ ・ ・ ・ ・ ・ ・ ・ ・

🎓 **さんすうはかせ**　三角形は 3本の 直線で かこまれた 形だよ。4本だと 四角形と いうよ。同じよう
に、16本なら 十六角形、20本なら 二十角形と いうんだ。

⭐ 三角形、四角形には、辺と ちょう点が それぞれ いくつ
ありますか。

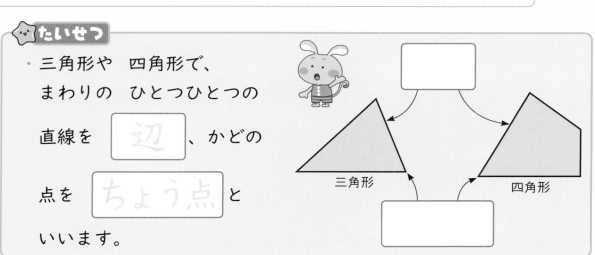

**たいせつ**

・三角形や 四角形で、
まわりの ひとつひとつの

直線を 辺 、かどの

点を ちょう点 と

いいます。

三角形　　　四角形

・三角形には　辺が ☐つ、ちょう点が ☐つ あります。

・四角形には　辺が ☐つ、ちょう点が ☐つ あります。

**2** 三角形と 四角形を 2つずつ みつけて、㋐〜㋙で 答えましょう。

📖 **教科書** 43ページ **1**

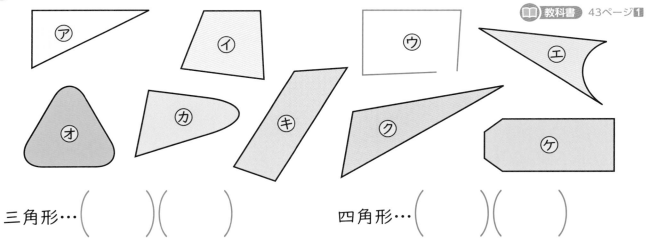

三角形…(　　)(　　)　　　　　四角形…(　　)(　　)

**3** 直線を 1本 ひいて、つぎの 形を つくりましょう。📖 **教科書** 45ページ **▲**

㋐ 2つの 四角形　　　　　　　㋑ 三角形と 四角形

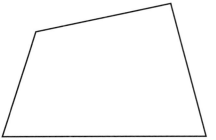
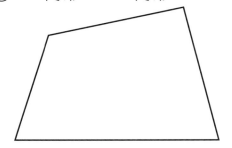

**おうちのかたへ** 三角形と四角形を学習します。何本の直線で囲まれているかによって、呼び名が変わること
に着目しましょう。図形を分割することで、新たな図形ができることを発見します。

❷ 長方形と 正方形

# きほんのワーク

きほん **1**　長方形と 正方形が わかりますか。

☆　⑦、④の 四角形を 何と いいますか。

| ⑦ | ④ |

紙を おって できた かどの 形を **直角**と いうよ。

**たいせつ**

・かどが みんな 直角に なって いる

四角形を 　長方形　と いいます。

・かどが みんな 直角で、辺の
長さが みんな 同じ 四角形を

　正方形　と いいます。

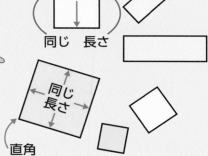
←直角
同じ 長さ
同じ 長さ
同じ 長さ
直角

⑦…　　　　　　④…

**1** 直角を 2つ みつけて、⑦～④で 答えましょう。　📖教科書 46ページ**1**

（　　）（　　）

**2** 長方形と 正方形を 2つずつ みつけて、⑦～⑨で 答えましょう。

📖教科書 49ページ**2**

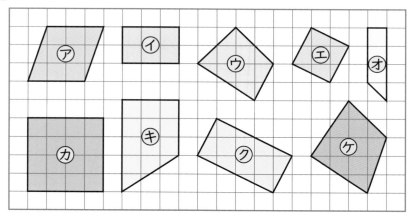

長方形　（　　　）（　　　）

正方形　（　　　）（　　　）

　コップや グラスの のみくちは どうして まるいのかな？ もし 四角や 三角の
コップだと のむ ときに くちの よこから 水が こぼれて しまうよね。

☆ ⑦〜⑤の　中で、直角三角形は　どれと　どれですか。

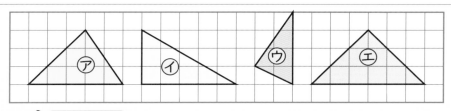

└　直角を
みつけよう！

### たいせつ

・1つの　かどが　直角に　なって　いる　三角形を
直角三角形　と　いいます。

直角三角形……（　　　　　）と（　　　　　）

**3** つぎの　形を　方がん紙に　かきましょう。　　📖教科書　51ページ**1**

① 2つの　辺の　長さが　5cmと　4cmの　長方形

② 1つの　辺の　長さが　3cmの　正方形

③ 直角に　なる　2つの　辺の　長さが　4cmと　6cmの　直角三角形

1cm

1cm

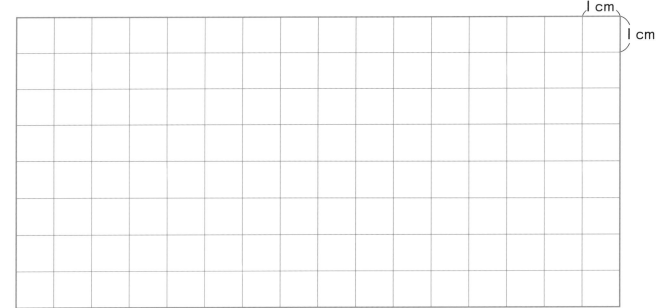

**4** 右の　図の　中に　ある　長方形と　正方形と
直角三角形の　数を　それぞれ　答えましょう。

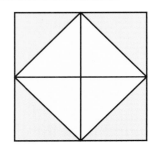

● 長方形…（　　　　　）

📖教科書　52・53ページ**1 2 3**

● 正方形…（　　　　　）　　　● 直角三角形…（　　　　　）

おうちのかたへ　直角の意味を知り、長方形、正方形、直角三角形を学習します。紙を折る、切る…といった
作業を行うことで、図形に親しみ、長方形の性質などを自然に体得しましょう。

# れんしゅうのワーク

教科書　下 40〜55ページ　答え 25ページ

できた 数

／13もん 中

おわったら
シールを
はろう

**1** 辺と ちょう点　□に あてはまる ことばや 数を かきましょう。

①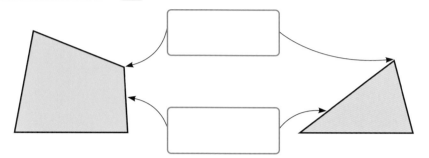

② 三角形（さんかくけい）には 辺（へん）が □つ、ちょう点（てん）が □つ あります。

③ 四角形（しかくけい）には 辺が □つ、ちょう点が □つ あります。

**2** 長方形　右の 四角形は 長方形（ちょうほうけい）です。

① 直角（ちょっかく）の かどに ○を かきましょう。

② まわりの 長さ（なが）は 何（なん）cmですか。

（　　　　　　　　　）

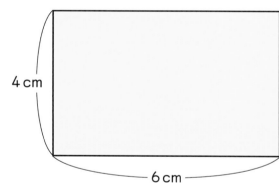

4 cm

6 cm

③ 直線（ちょくせん）を 1本 ひいて、2つの
直角三角形（ちょっかくさんかくけい）を つくりましょう。

**3** 正方形　右の 四角形は 正方形（せいほうけい）です。

① 直角の かどに ○を かきましょう。

② まわりの 長さは 何cmですか。

（　　　　　　　　　）

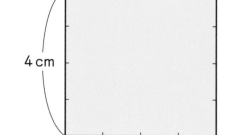

4 cm

③ 直線を 1本 ひいて、大きさの 同じ（おな）
2つの 長方形を つくりましょう。

④ 直線を 2本 ひいて、2つの 正方形と
2つの 長方形を つくりましょう。

できるナビ　長方形は、4つの かどが みんな 直角だね。正方形は、4つの かどが みんな 直角で、
4つの 辺の 長さが みんな 同じだよ。

# まとめのテスト

教科書 下 40〜55ページ　答え 26ページ

**1** つぎの 形を 何と いいますか。 1つ10〔30点〕

❶ かどが みんな 直角で、辺の 長さが
　　みんな 同じ 四角形 （　　　　　　　）

❷ １つの かどが 直角に なって いる
　　三角形 （　　　　　　　）

❸ かどが みんな 直角に なって いる
　　四角形 （　　　　　　　）

**2** よく出る 長方形、正方形、直角三角形は どれですか。⑦から ㋘で
答えましょう。 1つ10〔40点〕

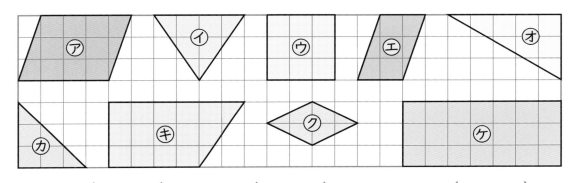

長方形（　　　　　）　正方形（　　　　　）　直角三角形（　　　　　）と（　　　　　）

**3** つぎの 形を 方がん紙に かきましょう。 1つ10〔30点〕

❶ ２つの 辺の 長さが ３cmと ４cmの 長方形

❷ １つの 辺の 長さが ２cmの 正方形

❸ 直角に なる ２つの 辺の 長さが ３cmと ５cmの 直角三角形

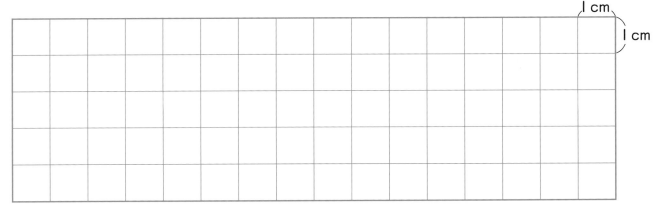

チェック ☑
□三角形と 四角形の ちょう点や 辺の 数が 答えられたかな？
□長方形と 正方形と 直角三角形の ちがいが わかったかな？

ちがいを みて

## きほんのワーク

**きほん1** 図に あらわして 考える ことが できますか。

☆ みかんが 13こ あります。みかんは、りんごより 3こ 多いそうです。りんごは 何こ ありますか。

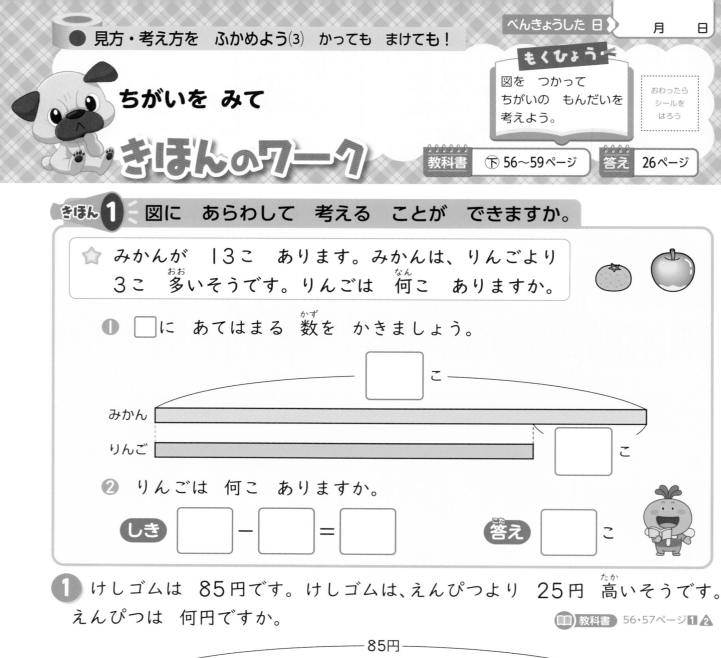

① □に あてはまる 数を かきましょう。

みかん

りんご

② りんごは 何こ ありますか。

しき □ − □ = □   答え □ こ

**1** けしゴムは 85円です。けしゴムは、えんぴつより 25円 高いそうです。えんぴつは 何円ですか。

📖 教科書 56・57ページ 1 2

85円

けしゴム

えんぴつ

25円

しき                              答え (          )

**2** たま入れを しました。赤組は 30こ 入れました。赤組は、白組より 10こ 少なかったそうです。白組は 何こ 入れましたか。

📖 教科書 58・59ページ 3 4 5

30こ

赤組

白組

10こ

しき                              答え (          )

おうちのかたへ  違いを見て考える問題です。図に整理して考えると、わかりやすくなることを実感しましょう。問題を読んだら、図に表して考える習慣を身につけましょう。

# まとめのテスト

教科書　下 56〜59ページ　答え　27ページ

**1** オレンジジュースと　グレープジュースが　あります。
オレンジジュースは　１L５dL　あります。
オレンジジュースは、グレープジュースより　５dL　少ないそうです。
グレープジュースは　何L　ありますか。
1つ6〔36点〕

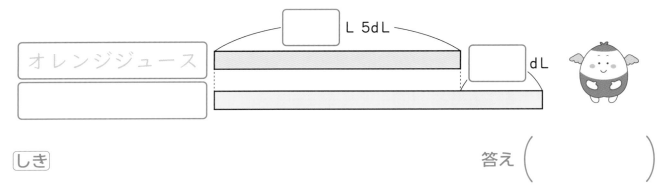

しき　　　　　　　　　　　　　　　　　　答え（　　　　　　　）

**2** 赤い　色紙と　青い　色紙が　あります。赤い　色紙は　48まい　あります。
赤い　色紙は、青い　色紙より　16まい　多いそうです。青い　色紙は
何まい　ありますか。
1つ8〔32点〕

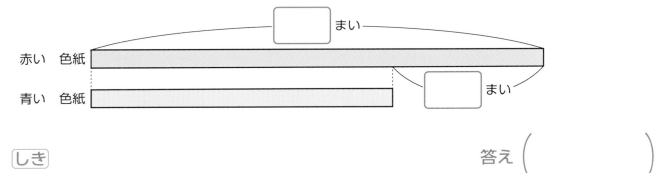

しき　　　　　　　　　　　　　　　　　　答え（　　　　　　　）

**3** 食パンと　カレーパンを　買います。食パンは、カレーパンより　30円
高いそうです。カレーパンは　80円です。食パンは　何円ですか。
1つ8〔32点〕

食パン
カレーパン

しき　　　　　　　　　　　　　　　　　　答え（　　　　　　　）

□ ちがいを　図や　しきで　うまく　あらわせたかな？
□ 図から　計算が　たし算に　なるか　ひき算に　なるかが　わかったかな？

**87**

① かけ算の きまり

## きほんのワーク

もくひょう
九九の ひょうを 見て、きまりを みつけよう。

おわったら シールを はろう

きほん ❶ 九九の ひょうを つくる ことが できますか。

⭐ 九九の ひょうを かんせい させましょう。

あいて いる ところを うめましょう。

### かける数

| | 1 | 2 | 3 | 4 | 5 | 6 | 7 | 8 | 9 |
|---|---|---|---|---|---|---|---|---|---|
| **1** | 1 | 2 | 3 | 4 | 5 | 6 | 7 | 8 | 9 |
| **2** | 2 | 4 | 6 | 8 | 10 | | 14 | 16 | 18 |
| **3** | | 6 | 9 | | 15 | 18 | 21 | | 27 |
| **4** | 4 | 8 | | 16 | | 24 | | | |
| **5** | 5 | 10 | 15 | 20 | | | 35 | | 45 |
| **6** | 6 | 12 | | | 30 | | | | 54 |
| **7** | | 14 | | | | | 49 | | |
| **8** | 8 | 16 | | 32 | | 48 | | | 72 |
| **9** | 9 | | 27 | | 45 | | | | 81 |

（左: かけられる数）

2のだんでは、かける数が 1 ふえると、答えは 2ずつ ふえるね。ほかの だんでは どうなのかな？

2×3と 3×2は、答えが 同じに なるね。

### たいせつ

❶ かけ算では、かける数が 1 ふえると、答えは
　 かけられる数 だけ ふえます。

❷ かけ算では、かけられる数と かける数 を
　 入れかえても、答えは 同じです。

❶ □に あてはまる 数を かきましょう。

教科書 68ページ❶ 69ページ❷

❶ 4×7=4×6+ □　　　❷ 8×5=8×4+ □

❸ 5×9=9×□　　　❹ 7×3=3×□

さんすうはかせ　かけ算 九九の ひょうの 中で よく 出て くる 数は 6、8、12、18、24で、4回ずつ 出て くるよ。たしかめて ごらん。

**きほん2** 九九の ひょうを 見て きまりを みつけましょう。

⭐ 右の 九九の ひょうを
見て、答えましょう。

❶ 4のだんの 九九に
色を ぬりましょう。

❷ 5×4の 答えを
○で かこみましょう。

❸ 答えが 12に なって
いる ところを △で
かこみましょう。

かけられる数

| | かける数 | | | | | | | | |
|---|---|---|---|---|---|---|---|---|---|
| | 1 | 2 | 3 | 4 | 5 | 6 | 7 | 8 | 9 |
| 1 | 1 | 2 | 3 | 4 | 5 | 6 | 7 | 8 | 9 |
| 2 | 2 | 4 | 6 | 8 | 10 | 12 | 14 | 16 | 18 |
| 3 | 3 | 6 | 9 | 12 | 15 | 18 | 21 | 24 | 27 |
| 4 | 4 | 8 | 12 | 16 | 20 | 24 | 28 | 32 | 36 |
| 5 | 5 | 10 | 15 | 20 | 25 | 30 | 35 | 40 | 45 |
| 6 | 6 | 12 | 18 | 24 | 30 | 36 | 42 | 48 | 54 |
| 7 | 7 | 14 | 21 | 28 | 35 | 42 | 49 | 56 | 63 |
| 8 | 8 | 16 | 24 | 32 | 40 | 48 | 56 | 64 | 72 |
| 9 | 9 | 18 | 27 | 36 | 45 | 54 | 63 | 72 | 81 |

**2** 答えが つぎの 数に なる 九九を みんな みつけましょう。

📖 教科書 70ページ ③

❶ 8  ( )

❷ 15 ( )

❸ 36 ( )

❹ 42 ( )

❺ 56 ( )

**3** 九九の ひょうで、たてに たした ときや ひいた ときの 答えを
しらべました。

📖 教科書 71ページ ⑤

❶ 3のだんと 4のだんを たてに たすと、
何のだんの 答えに なりますか。 ( )

❷ 9のだんから 5のだんを たてに ひくと、
何のだんの 答えに なりますか。 ( )

**おうちのかたへ** 九九の表をつくり、九九のきまりをまとめます。答えが1回しか出てこないもの、2回出て
くるもの、3回のもの、4回のものをそれぞれ色分けしてみるとよいでしょう。

## ② かけ算を 広げて

### きほんのワーク

**きほん 1** 九九に ない かけ算を する ことが できますか。

☆ ●は 何こ ありますか。

●が たてに 3つ、よこに 13 ならんでいるね。

❶ かけ算の しきに あらわすと

3この 13こ分だから ☐ × ☐

❷ 3×☐と して、☐の 中に、8、9、10、…と 数を 入れて、3×13の 答えを もとめます。

3のだんでは、かける数が 1 ふえると、答えは 3だけ ふえるね。

3× 8 ＝24 —┐
　　　　　　　　3 ふえる
3× 9 ＝☐ ◀—
　　　　　　　　3 ふえる
3×10 ＝☐ ◀—
　　　　　　　　3 ふえる
3×11 ＝☐ ◀—
　　　　　　　　3 ふえる
3×12 ＝☐ ◀—
　　　　　　　　3 ふえる
3×13 ＝☐ ◀—

**しき** 3×13＝☐

**答え** ☐ こ

**1** 13×3の 答えの もとめ方に ついて、☐に あてはまる 数を かきましょう。

3つの もとめ方を 考えよう。

📖 教科書 73ページ ❸ ▲

❶ 13＋13＋13＝☐

❷ 13×1＝13 —┐
　　　　　　　　　13 ふえる
　 13×2＝26 ◀—
　　　　　　　　　13 ふえる
　 13×3＝☐ ◀—

❸ 3×13と みると…

13×3

3×13

13×3の 答えは 3×13の 答えと 同じだね。

3×13＝☐

**おうちのかたへ** かけ算のきまりを使って、かけ算を広げていきます。いろいろな求め方を工夫できるように なりましょう。

# まとめのテスト

とく点

／100点

おわったら
シールを
はろう

教科書 下 66〜75ページ 答え 28ページ

**1** よく出る 右の 九九の ひょうを 見て、答えましょう。　　　1つ10〔60点〕

① 3×8の 答えに ○を
つけましょう。

② 7×6の 答えに △を
つけましょう。

③ ⑦の だんは、どんな だんの
答えですか。

（　　　　　　　　　　　　）

④ ①の れつは、どんな 九九の
答えですか。

（　　　　　　　　　　　　）

⑤ 答えが つぎの 数に なる 九九を みんな みつけましょう。

16　（　　　　　　　　　　　　　　　　　　　　　　）

28　（　　　　　　　　　　　　　　　　　　　　　　）

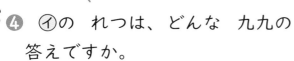

かけられる数

| | | かける数 | | | | | | | | |
|---|---|---|---|---|---|---|---|---|---|---|
| | | **1** | **2** | **3** | **4** | **5** | **6** | **7** | **8** | **9** |
| | **1** | 1 | 2 | 3 | ④ | 5 | 6 | 7 | 8 | 9 |
| | **2** | 2 | 4 | 6 | 8 | 10 | 12 | 14 | 16 | 18 |
| | **3** | 3 | 6 | 9 | 12 | 15 | 18 | 21 | 24 | 27 |
| | **4** | 4 | 8 | 12 | 16 | 20 | 24 | 28 | 32 | 36 |
| | **5** | 5 | 10 | 15 | 20 | 25 | 30 | 35 | 40 | 45 |
| | **6** | ⑥ | 12 | 18 | 24 | 30 | 36 | 42 | 48 | ㊹ | ← ⑦
| | **7** | 7 | 14 | 21 | 28 | 35 | 42 | 49 | 56 | 63 |
| | **8** | 8 | 16 | 24 | 32 | 40 | 48 | 56 | 64 | 72 |
| | **9** | 9 | 18 | 27 | ㊱ | 45 | 54 | 63 | 72 | 81 |

↑
①

**2** ●の 数を もとめます。考え方に あう しきを 線で むすびましょう。
また、答えを もとめましょう。　　　1つ10〔40点〕

・　　　　　　・　　　　　　・

・　　　　　　・　　　　　　・

3×9=27
3×5=15
27+15=□

6×7=□

14+14+14=□

答え（　　　　　　こ）

 □ かけ算を 広げて 考える ことが できたかな？
□ かけ算の いろいろな きまりが わかったかな？

**91**

# 1mは どれくらい、長さは どれくらい
# 長さの 計算

## きほんのワーク

教科書 ⑦ 76〜81ページ　答え 29ページ

**べんきょうした 日▶　月　日**

**もくひょう**
新しい たんいの mと 計算の しかたを 知ろう。

おわったら シールを はろう

**きほん 1　m(メートル)と いう たんいが わかりますか。**

⭐ テープの 長さは どれだけですか。

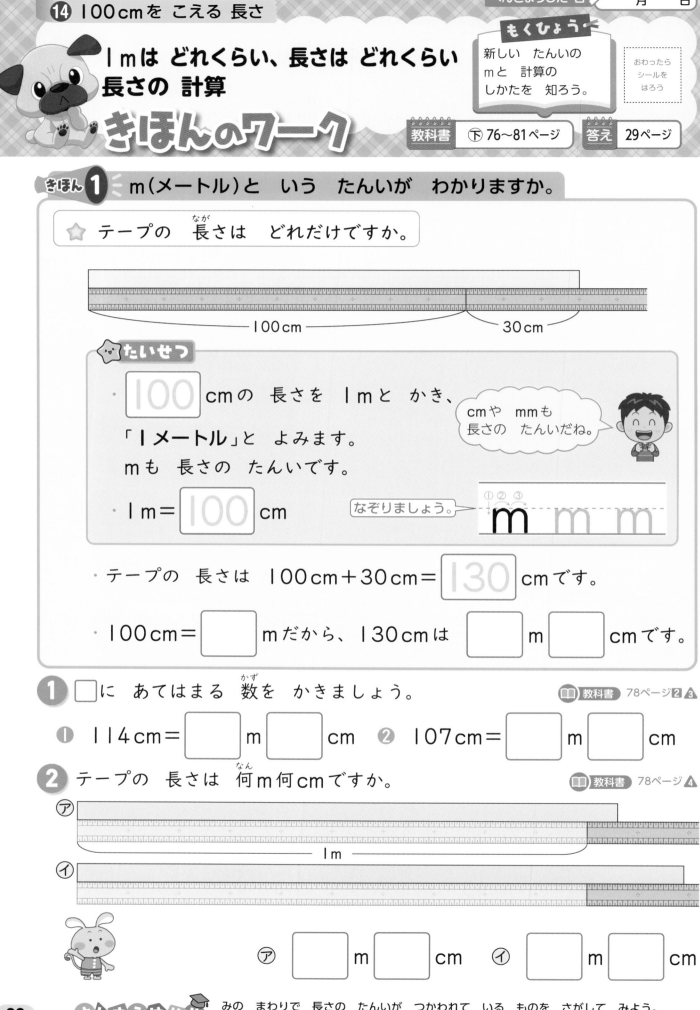

── 100cm ──　　30cm

**たいせつ**

・ 100 cmの 長さを 1mと かき、
「1メートル」と よみます。
mも 長さの たんいです。

cmや mmも 長さの たんいだね。

・ 1m= 100 cm

なぞりましょう。
① ② ③
m m m

・ テープの 長さは 100cm+30cm= 130 cmです。

・ 100cm= ☐ mだから、130cmは ☐ m ☐ cmです。

**1** ☐に あてはまる 数を かきましょう。
教科書 78ページ 2 3

① 114cm= ☐ m ☐ cm　② 107cm= ☐ m ☐ cm

**2** テープの 長さは 何m何cmですか。
教科書 78ページ 4

⑦
── 1m ──

⑦ ☐ m ☐ cm　　⑦ ☐ m ☐ cm

**さんすうはかせ** みの まわりで 長さの たんいが つかわれて いる ものを さがして みよう。
じっさいに どのくらいの 長さを あらわして いるか かくにんして みよう。

92

**3** □に あてはまる 長さの たんいを かきましょう。 📖教科書 80ページ②

① 本だなの 高<sub>たか</sub>さ…………… 2 □

② 図<sub>ず</sub>かんの あつさ………… 2 □

ふさわしい たんいを かこう。

---

**きほん2** 長さの 計算の しかたが わかりますか。

☆ かいとさんの ひもは 2m40cmで、
はるかさんの ひもは 1m30cmでした。

① かいとさんの ひもと はるかさんの
ひもを つなぐと 何m何cmですか。

2m40cm+1m30cm= 3 m 70 cm

同じ たんいの<sub>おな</sub>
ところを たすよ。
2m+1m=3m
40cm+30cm=70cm

② かいとさんの ひもと はるかさんの
ひもの 長さの ちがいは 何m何cmですか。

2m40cm−1m30cm= 1 m 10 cm

同じ たんいの
ところを ひくと、
2m−1m=1m
40cm−30cm=10cm

---

**4** 下のような はこが あります。はこの たての 長さと よこの
長さと 高<sub>たか</sub>さを たすと、何m何cmに なりますか。 📖教科書 81ページ②

あ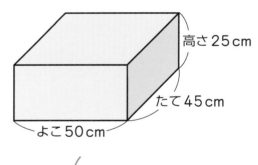
高さ25cm
たて45cm
よこ50cm

い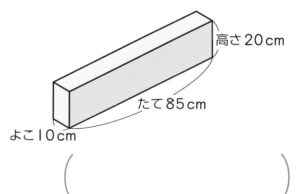
高さ20cm
たて85cm
よこ10cm

( ) ( )

---

**5** 計算<sub>けいさん</sub>を しましょう。 📖教科書 81ページ1⃣3⃣

① 2m40cm+3m40cm ② 4m80cm+10cm

③ 5m70cm−2m50cm ④ 2m60cm−2m

---

おうちのかたへ　mの単位を学習します。1mという長さがどれだけのものなのか、確かめておくことで、長さに対する量感を養うことができます。身近なもので確かめておきましょう。

# れんしゅうのワーク

できた 数

／6もん 中

おわったら
シールを
はろう

教科書　下 76〜83ページ　　答え　30ページ

**❶** 長さの 計算　れんさんは 1m50cm、みさきさんは 2m10cm、ゆうまさんは 1m20cmの 長さの テープを もって います。

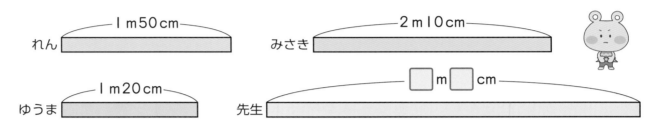

れん　├─ 1m50cm ─┤

みさき　├─ 2m10cm ─┤

ゆうま　├─ 1m20cm ─┤

先生　├──── □m □cm ────┤

**❶** 先生の テープの 長さは みさきさんと ゆうまさんの テープを あわせた 長さと 同じです。先生の テープの 長さは 何m何cm ですか。

（　　　　　　　　　）

**❷** れんさんと みさきさんの テープを あわせた 長さは 何m何cmで すか。

（　　　　　　　　　）

**❸** 先生と れんさんの テープを あわせた 長さは 何m何cmですか。

（　　　　　　　　　）

**❹** れんさんと ゆうまさんの テープの 長さの ちがいは 何cmですか。

（　　　　　　　　　）

チャレンジ！ **❺** れんさんと みさきさんと ゆうまさんの 3人の テープを あわせた 長さは 何m何cmですか。

（　　　　　　　　　）

チャレンジ！ **❻** 4人の テープを あわせた 長さは 何m何cmですか。

（　　　　　　　　　）

できるナビ　長さを たしたり ひいたり するときは、同じ たんいの 数どうしを たしたり ひいたり すれば いいんだね！

# まとめのテスト

とく点

／100点

おわったら
シールを
はろう

教科書 ⬇ 76〜83ページ　答え 30ページ

**1**  □に あてはまる 数を かきましょう。

1つ10〔40点〕

❶ 100cm＝ ⬚ m

❷ 2m＝ ⬚ cm

❸ 180cm＝ ⬚ m ⬚ cm

❹ 106cm＝ ⬚ m ⬚ cm

**2** □に あてはまる 長さの たんいを かきましょう。

1つ10〔30点〕

❶ 教科書の あつさ……………………… 5 ⬚

❷ えんぴつの 長さ…………………… 16 ⬚

❸ ろう下の はば……………………… 3 ⬚

長さの たんいは
m、cm、mmが
あるね。

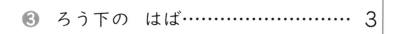

**3** どちらが どれだけ 長いか
かきましょう。

1つ10〔30点〕

❶ テーブルの たての 長さと よこの
長さ

（　　　　　　　　　　　　　　）

❷ けいじばんの たての 長さと
よこの 長さ

（　　　　　　　　　　　　　　）

❸ テーブルの よこの 長さと
けいじばんの たての 長さ

（　　　　　　　　　　　　　　）

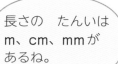
よこ
1m60cm
たて
60cm

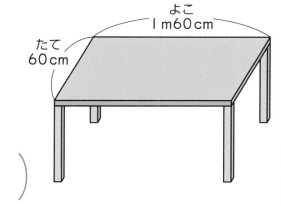
2m50cm

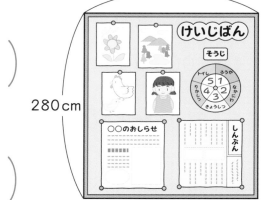
280cm

けいじばん
そうじ

ふろくの「計算れんしゅうノート」27ページをやろう！

□ m、cm、mmの たんいの ちがいが わかったかな？
□ mや cmを つかった 長さの 計算が できたかな？

# 1000を こえる 数
## 100が いくつ

### きほんのワーク

もくひょう
1000を こえる 数の あらわし方や しくみを 学ぼう。

おわったら シールを はろう

**きほん 1**　1000を こえる 数の しくみが わかりますか。

☆ 二千七百二十四を 数字で かきましょう。

| 二千 | 七百 | 二十 | 四 |
|---|---|---|---|

| 2 | 7 | 2 | 4 |
|---|---|---|---|
| 千のくらい | 百のくらい | 十のくらい | 一のくらい |

1000を 2こ あつめた 数を 二千と いうよ。

2724は、

1000を 〔　〕こ

100を 〔　〕こ

10を 〔　〕こ

1を 〔　〕こ

あわせた 数です。

**1** つぎの 数を 数字で かきましょう。　　📖 教科書 88ページ 1 2 ▲

① 四千六十五　　　　② 三千百八十二　　　　③ 千三十九

　（　　　　　）　　　（　　　　　）　　　（　　　　　）

**2** つぎの 数を よみましょう。　　📖 教科書 88ページ ▲

① 5678　　　　　　② 3094　　　　　　③ 6009

　（　　　　　）　　　（　　　　　）　　　（　　　　　）

**3** ☐に あてはまる 数を かきましょう。　　📖 教科書 88ページ ⑤ ⑥

① 1000を 8こ、10を 3こ あわせた 数は 〔　　　　〕です。

② 9674は、1000を 〔　〕こ、100を 〔　〕こ、10を 〔　〕こ、

1を 〔　〕こ あわせた 数です。

さんすうはかせ　日本の 数の 数え方は、一、十、百、千、万までは 10ばいで くらいが 上がるね。でも、万より 大きくなると 1万ばいごとに 新しい 名前が つくよ。

☆ 100を 23こ あつめた 数は、いくつですか。

□に あてはまる 数を かきましょう。

| 100が 20こで | |
| 100が 3こで | |
| あわせて | |

100が 10こで 1000に なります。

---

**4** 4200は 100を 何こ あつめた 数ですか。□に あてはまる 数を
かきましょう。　📖 教科書 89ページ**2**

4000は 100が □ こ

200は 100が □ こ

あわせて □ こ

1000は 100が 10こだから…

---

**5** □に あてはまる 数を かきましょう。　📖 教科書 89ページ**3 4**

① 100を 67こ あつめた 数は □ です。

② 9000は 1000を □ こ あつめた 数です。

また、9000は 100を □ こ あつめた 数です。

---

**6** 700＋600の 計算の しかたを 考えます。□に あてはまる 数を
かきましょう。　📖 教科書 89ページ**5**

● 700＋600は 100で 考えると、7＋□ ＝□

700＋600＝□　⑩⑩⑩⑩⑩⑩⑩　　⑩⑩⑩⑩⑩⑩

---

おうちのかたへ　1000より大きな数の表し方やしくみを学習します。1000や100のまとまりで数をとらえることができるようにするには、お金をイメージすると、理解が進むようです。

一万

もくひょう
一万（10000）を
知ろう。数の直線の
見方を　学ぼう。

おわったら
シールを
はろう

# きほんのワーク

教科書　下 90〜91ページ　　答え　31ページ

## きほん 1　10000と いう 数を 知って いますか。

☆ □に あてはまる 数を かきましょう。

| 1000 | 1000 | 1000 | 1000 | 1000 | 1000 | 1000 | 1000 | 1000 | 1000 |

❶ 1000を 10こ あつめた 数を **一万**と いい、 **10000** と かきます。

❷ 10000は **9999** の つぎの 数です。

9990　　　　10000
├─┴─┴─┴─┴─┴─┴─┴─┤
　　　　　　　　↑
　　　　　　9999

❸ 9000は あと [　　　] で 10000に なります。

下の　数の直線で　考えよう。

0　1000　2000　3000　4000　5000　6000　7000　8000　9000　10000
├──┴──┴──┴──┴──┴──┴──┴──┴──┴──┤
　　　　　　　　　　　　　　　　　　1000

---

1 □に あてはまる 数を かきましょう。

📖教科書　90ページ 1 2

❶ 9000より 1000 大きい 数を 一万と いい、[　　　] と

かきます。

❷ 10000は 1000を [　　] こ あつめた 数です。

❸ 10000は 100を [　　] こ あつめた 数です。

10000と いう
数に ついて
知ろう！

❹ 9999の つぎの 数は [　　　] です。

❺ 100を 100こ あつめた 数は [　　　] です。

さんすうはかせ　1万の　1万ばいが 億、1億の　1万ばいが 兆。億や 兆も 聞いた ことが
あるかな。1万より 大きい 数や 1億は 3年生で ならうよ。

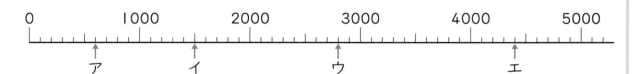

☆　下の　数の直線を　見て　答えましょう。

ア　イ　ウ　エ

❶　いちばん　小さい　1目もりは 〔　　　〕です。

❷　アは 〔　　　〕、イは 〔　　　〕、

　　ウは 〔　　　〕、エは 〔　　　〕です。

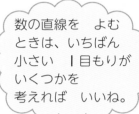

数の直線を　よむ
ときは、いちばん
小さい　1目もりが
いくつかを
考えれば　いいね。

② □に　あてはまる　数を　かきましょう。

📖教科書　91ページ 3 ▲ 5

❶

5000　6000　7000　8000　9000　〔　　　〕

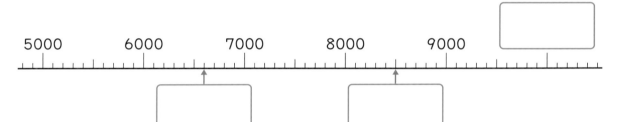

〔　　　〕　〔　　　〕

❷ | **9600** | – | **9700** | – | 〔　　　〕 | – | **9900** | – | 〔　　　〕 |

❸ | **9960** | – | **9970** | – | 〔　　　〕 | – | **9990** | – | 〔　　　〕 |

③　2つの　数を　くらべて、＞か　＜を　つかって　かきましょう。

📖教科書　91ページ 6

❶ 4903 〔　　〕 5390

| 千 | 百 | 十 | 一 |
|---|---|---|---|
| 4 | 9 | 0 | 3 |
| 5 | 3 | 9 | 0 |

❷ 5749 〔　　〕 5694

| 千 | 百 | 十 | 一 |
|---|---|---|---|
| 5 | 7 | 4 | 9 |
| 5 | 6 | 9 | 4 |

数の　大きさを
くらべる　ときは、
大きい　くらいから
じゅんに　くらべて
いくんだね。

❸ 7945 〔　　〕 7954

| 千 | 百 | 十 | 一 |
|---|---|---|---|
| 7 | 9 | 4 | 5 |
| 7 | 9 | 5 | 4 |

おうちのかたへ　10000の数のしくみを学習します。1000が10集まったもの、100が100集まったもの、とイメージします。数の広がりをとらえてから数直線の見方につなげていきます。

# れんしゅうのワーク

できた 数

／11もん 中

おわったら
シールを
はろう

教科書　下 86〜94ページ　　答え　32ページ

**1** 1000より 大きい 数 　5706の
千のくらい、百のくらい、十のくらい、
一のくらいの 数字を かきましょう。

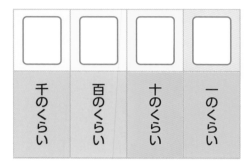

千のくらい　百のくらい　十のくらい　一のくらい

**2** 100が いくつ　つぎの 数を かきましょう。

① 100を 31こ あつめた 数は いくつですか。　　　（　　　　　）

② 4500は 100を 何こ あつめた 数ですか。　　　（　　　　　）

③ 700＋900は いくつですか。　　　　（　　　　　）

**3** 数の あらわし方　□に あてはまる 数を かきましょう。

① 9400は、□□□□□ と 400を あわせた 数です。

② 9400は、□□□□□ より 600 小さい 数です。

③ 9400は、100を □ こ あつめた 数です。

10000までの
数の
しくみを
知ろう！

**4** 数の 大小　2つの 数を くらべて、□に ＞か ＜を かきましょう。

① 5804 □ 4992　　　② 7348 □ 7483

③ 6247 □ 6274　　　④ 9999 □ 10000

できるナビ　大きい くらいの 数字が 小さいほど、数は 小さく なります。大きい くらいの
数字が 大きいほど、数は 大きく なります。

# まとめのテスト

時間 **20**分

とく点　/100点

おわったら シールを はろう

教科書 下 86〜94ページ　答え 32ページ

**1** よく出る つぎの 数を かきましょう。　1つ5〔30点〕

❶ 1000を 3こ、100を 8こ、10を 2こ、1を 7こ あわせた 数　（　　　　　）

❷ 1000を 7こ、10を 4こ あわせた 数　（　　　　　）

❸ 100を 89こ あつめた 数　（　　　　　）

❹ 6000と 400と 20と 9を あわせた 数　（　　　　　）

❺ 8000と 600と 4を あわせた 数　（　　　　　）

❻ 9900より 100 大きい 数　（　　　　　）

**2** 数字で かきましょう。　1つ5〔15点〕

❶ 九千七百五十四　❷ 三千八十二　❸ 四千八

（　　　　　）　　（　　　　　）　　（　　　　　）

**3** □に あてはまる 数を かきましょう。　1つ5〔45点〕

❶

8700　　　8900　9000　　　9200　9300

❷ | 4980 | 4990 | | | 5020 | |

❸ | 9500 | | 9700 | | 9900 | |

**4** 2つの 数を くらべて、□に ＞か ＜を かきましょう。　1つ5〔10点〕

❶ 7062 □ 7621　　❷ 5810 □ 5801

チェック✓
□ 数の直線に 数を あらわす ことが できたかな？
□ 2つの 数の 大小を ＞、＜を つかって あらわせたかな？

ふろくの「計算れんしゅうノート」25〜26ページをやろう！

1 **はこの 形**
2 **はこづくり**

## きほんのワーク

**もくひょう**
はこの 面の 形や
面の 数を
しらべよう。

おわったら
シールを
はろう

教科書 下 95〜100ページ　答え 33ページ

---

**きほん 1　面の 形や 数が わかりますか。**

☆ はこの 面の 形を うつしとりました。

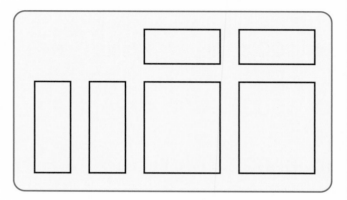

❶ うつしとった 面の 形は、
何と いう 四角形ですか。

(　　　　　　　　　)

❷ 面は いくつ ありますか。

(　　　　　　つ)

❸ 同じ 形の 面は、
いくつずつ ありますか。

(　　　　つずつ)

こんな 形の はこだよ。

---

**1** さいころの 形の はこの 面を うつしとりました。　📖教科書 96ページ 1

❶ うつしとった 面の 形は、何と いう
四角形ですか。　(　　　　　　　　　)

❷ 同じ 形の 面は いくつ ありますか。

(　　　　　　　　　)

---

**2** □に あてはまる 数を かきましょう。　📖教科書 98ページ 2

❶ はこの 形には、辺が □ あります。

❷ はこの 形には、ちょう点が
□ つ あります。

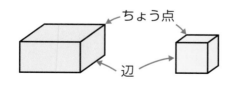

ちょう点
辺

---

 はこの 形を 切って ひらくと、6この 長方形が くっついた 形に なるよ。
さいころの 形を 切って ひらくと、6この 正方形が くっついた 形に なるんだ。

⭐ ひごと ねんど玉を つかって、右のような はこの 形を つくります。
□に あてはまる 数を かきましょう。

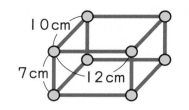
10cm
7cm
12cm

❶ どんな 長さの ひごが 何本ずつ いりますか。

●7cm… □ 本　●10cm… □ 本　●12cm… □ 本

❷ ねんど玉は □ こ いります。

ねんど玉の ところは はこの 形の ちょう点だね。

❸ 下の 紙を テープで つないで はこを つくると、あ、い、うの どれが できますか。

📖教科書 99ページ**1**⚠

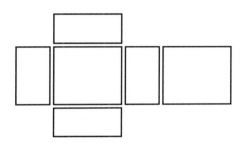

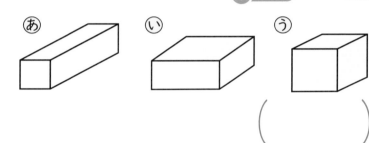
あ　い　う

（　　　　）

❹ 組み立てて、はこの 形に なるのは、あ、いの どちらですか。

📖教科書 99ページ**1**⚠

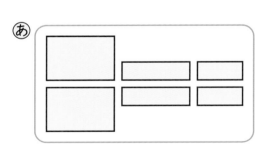
あ

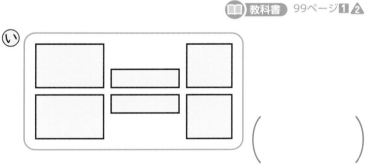
い

（　　　　）

❺ ひごと ねんど玉で 右のような さいころの 形を つくります。　📖教科書 100ページ**1**⚠

❶ どんな 長さの ひごが 何本 いりますか。

□ cmの ひごが □ 本

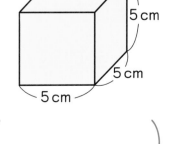
5cm
5cm
5cm

❷ ねんど玉は 何こ いりますか。

（　　　　）

おうちのかたへ　立体図形を学ぶ最初の段階で、箱の形を学習します。高学年になってから、図形の学習にスムーズに入れるように、この段階では楽しみながら学習することが大切です。

**103**

# ⓰ はこの 形

## れんしゅうのワーク

教科書 下 95〜102ページ　答え 33ページ

**1** 面の 形　組み立てると、⑦、⑦、⑦の どの はこが できますか。

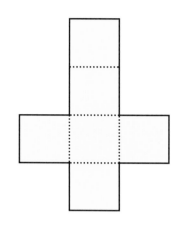
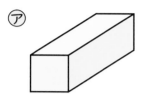
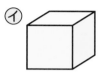
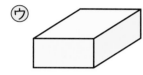

⑦　⑦　⑦

面の 形は みんな 同じだね。

（　　　）

**2** 面の 形　あつ紙で、右のような はこを つくります。
あ〜おの どの 四角形が いくつずつ いりますか。

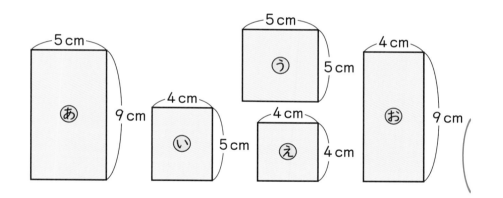

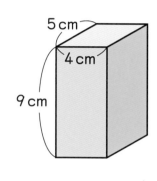

5cm
4cm
9cm

（　　　）

**3** 辺と ちょう点　ひごと ねんど玉を つかって、
右のような はこの 形を つくります。
❶ どんな 長さの ひごが 何本ずつ
いりますか。

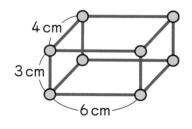

4cm
3cm
6cm

（　　　）

❷ ねんど玉は 何こ いりますか。

（　　　）

できる ナビ　さいころの 形は、面の 形が ぜんぶ 正方形だね。❷の はこは、面の 形が ぜんぶ
長方形に なって いるよ！

# まとめのテスト

時間 **20** 分

とく点

／100点

おわったら シールを はろう

教科書 下 95～102ページ　答え 33ページ

**1**  □に あてはまる ことばを かきましょう。　1つ8〔24点〕

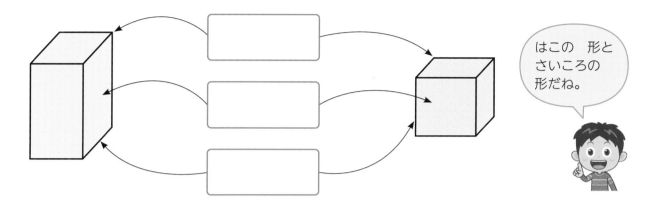

はこの 形と さいころの 形だね。

**2** 組み立てると、⑦、⑦、⑦の どの はこが できますか。　〔12点〕

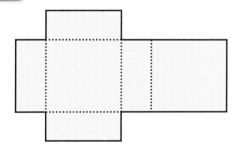 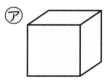 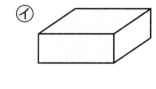 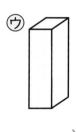

（　　　　　）

**3** ひごと ねんど玉を つかって、右のような はこの 形を つくります。□に あてはまる 数を かきましょう。　1つ8〔64点〕

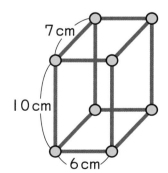
7cm
10cm
6cm

❶ ねんど玉は □ こ いります。

❷ どんな 長さの ひごが 何本ずつ いりますか。

　●6cm… □ 本　●7cm… □ 本　●10cm… □ 本

❸ はこの 形には、面が □ つ、同じ 形の 面が □ つずつ

あります。また、辺が □ 、ちょう点が □ つ あります。

 チェック ✔ □はこの 形の ちょう点や 辺や 面の 数が いえたかな？
　　□はこの 形の 辺の 長さや 面の 形の ちがいが いえたかな？

**105**

## 分数

# きほんのワーク

もくひょう
$\frac{1}{2}$や $\frac{1}{4}$の 大きさを 知ろう。

おわったら シールを はろう

教科書 下 103〜107ページ　答え 34ページ

きほん **1**　$\frac{1}{2}$の 大きさが わかりますか。

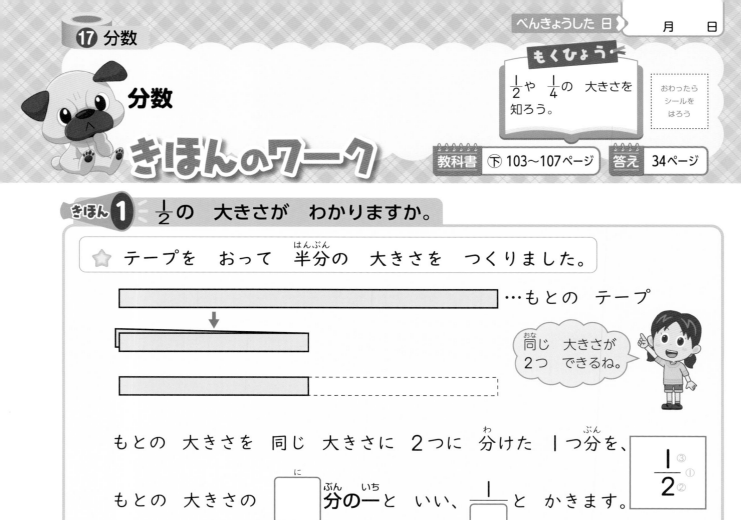

★ テープを おって 半分(はんぶん)の 大きさを つくりました。

…もとの テープ

同じ 大きさが 2つ できるね。

もとの 大きさを 同じ 大きさに 2つに 分(わ)けた 1つ分(ぶん)を、

もとの 大きさの □分(ぶん)の一(いち)と いい、$\dfrac{1}{□}$と かきます。

$\dfrac{1}{2}$ ③①②

❶ ⑦の $\frac{1}{2}$の 大きさに なって いるのは どれですか。　📖 教科書 105ページ ③

⑦

あ

い

う

（　　　　　）

❷ 長方形(ちょうほうけい)の $\frac{1}{2}$の 大きさに 色(いろ)を ぬりましょう。　📖 教科書 105ページ ④

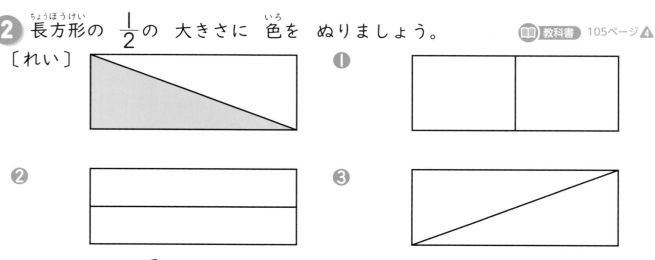

〔れい〕

❶

❷

❸

106

さんすうはかせ　正方形(せいほうけい)や 長方形(ちょうほうけい)の 紙(かみ)を ふたつに おった 形(かたち)が 同じ 大きさかどうか たしかめるには、紙を ふたつに 切(き)って かさねて みると いいよ。

☆ テープを 半分に おって、また、それを 半分に おった 大きさを つくりました。

…もとの テープ

…半分

…半分の 半分

・もとの 大きさを 同じ 大きさに 4つに 分けた 1つ分を、

もとの 大きさの よん分の一 と いい、$\frac{1}{\boxed{\phantom{4}}}$ と かきます。

・$\frac{1}{2}$や $\frac{1}{4}$のような 数を 分数 と いいます。

**3** テープを 半分に おって 大きさを つくります。あ、い、うの 大きさを かきましょう。

📖教科書 106ページ**5 6**

…もとの テープ

あ

い

う

分数で あらわそうね。

**4** つぎの 大きさに 色を ぬりましょう。

📖教科書 106・107ページ**5 7 8**

$\frac{1}{4}$

$\frac{1}{3}$

おうちのかたへ 分数の勉強の導入として、1つのものを2つに分けた1つ分($\frac{1}{2}$)、さらに$\frac{1}{2}$を2つに分けた1つ分($\frac{1}{4}$)、$\frac{1}{4}$を2つに分けた1つ分($\frac{1}{8}$)や$\frac{1}{3}$を学習します。

## 分数と もとの 大きさ

### きほんのワーク

もくひょう

分数と　もとの
大きさの　かんけいを
知ろう。

おわったら
シールを
はろう

教科書 ⑦ 108〜109ページ　　答え 34ページ

**きほん 1**　分数と　もとの　大きさの　かんけいが　わかりますか。

☆　右のように、●が　24こ、●が　36こ
あります。

❶　24この　●の　$\frac{1}{2}$の　大きさは
何こですか。

右の　図のように　考えると　□　こ

❷　36この　●の　$\frac{1}{2}$の　大きさは

何こですか。

右の　図のように　考えると　□　こ

⭐ **たいせつ**

もとの　大きさが　ちがうと、$\frac{1}{2}$の　大きさも　ちがいます。

**1**　上のように、●が　24こ、●が　36こ　あります。

教科書 109ページ ②

❶　24この　●の　$\frac{1}{3}$の　大きさは　何こですか。

（　　　　　）

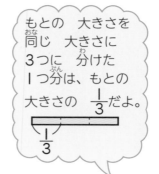

もとの　大きさを
同じ　大きさに
3つに　分けた
1つ分は、もとの
大きさの　$\frac{1}{3}$だよ。

$\frac{1}{3}$

❷　36この　●の　$\frac{1}{3}$の　大きさは　何こですか。

（　　　　　）

**おうちのかたへ**　わり算や分数のかけ算はまだ未習なので、計算で求めるのではなく、図で考えて答えを出します。同じ大きさに分けるように注意します。

# まとめのテスト

教科書 下 103～109ページ　答え 34ページ

**1** よく出る　正方形の 紙を、おって 切りました。切った 1つ分の 大きさは、もとの 大きさの 何分の一ですか。　　　　　　　　　1つ10〔30点〕

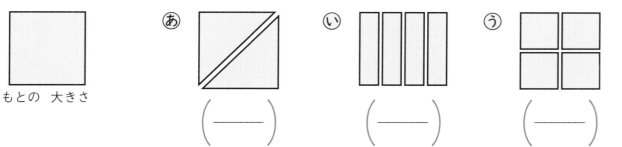

もとの 大きさ

あ　( ── )　い　( ── )　う　( ── )

**2** 色を ぬった ところは、もとの 長さの 何分の一ですか。　　1つ10〔30点〕

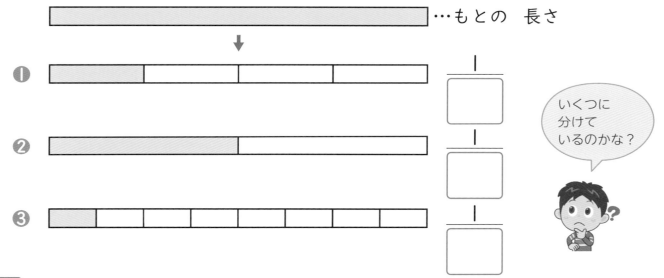

…もとの 長さ

❶

❷

❸

いくつに 分けて いるのかな？

**3** 右のように、● が 30こ あります。　　1つ20〔40点〕

❶ この 30この $\frac{1}{2}$ の 大きさは 何こですか。

図を つかって 考えよう。

( 　　　 )

❷ この 30この $\frac{1}{3}$ の 大きさは 何こですか。

( 　　　 )

□ 分けた 大きさを 分数で あらわす ことが できたかな？
□ 分数と もとの 大きさの かんけいが わかったかな？

# まとめのテスト❶

時間 **20**分

とく点 /100点

おわったら シールを はろう

教科書 下 114〜116ページ　答え 35ページ

**1** □に あてはまる 数を かきましょう。　1つ2〔8点〕

5300−5400−□−□−5700−5800−□−□

**2** 計算を しましょう。　1つ5〔15点〕

① 37+3=□　② 48+8=□　③ 82−3=□

**3** ひっ算で しましょう。　1つ5〔20点〕

①
```
  4 8
+ 4 5
```

②
```
  2 7
+ 7 3
```

③
```
  9 4
− 6 8
```

④
```
  1 0 2
−   5 6
```

**4** かけ算を しましょう。　1つ5〔15点〕

① 3×7=□　② 8×2=□　③ 6×9=□

**5** 1まい 4円の 色紙 5まいと、50円の けしゴムを 1つ 買いました。みんなで 何円ですか。　1つ6〔12点〕

しき　　　　　　　　　答え（　　　　）

**6** □に あてはまる 数を かきましょう。　1つ5〔20点〕

① 3cm5mm=□mm　② 142cm=□m□cm

③ 4L=□mL　④ 27dL=□L□dL

**7** テープの 長さは 何cm 何mmですか。　〔10点〕

□cm□mm

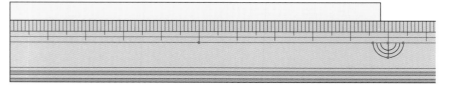

□ たし算と ひき算の 計算や かけ算は できたかな？
□ 長さや かさの たんいの かんけいが わかったかな？

# まとめのテスト❷

教科書 ⓘ 116〜118ページ　答え 36ページ

**1** サッカーを して いた 時間は どれだけですか。 〔10点〕

午前

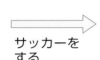
サッカーを
する

午前

(　　　　　　　)

**2** つぎの 形を 方がん紙に かきましょう。  1つ10〔30点〕

❶ 1つの 辺の 長さが 4cmの 正方形

❷ 2つの 辺の 長さが 5cmと 3cmの 長方形

❸ 直角に なる 2つの 辺の 長さが 3cmと 4cmの 直角三角形

1cm
1cm

**3** カードを 14まい もらったので、39まいに なりました。はじめは 何まい ありましたか。 1つ15〔30点〕

しき

答え (　　　　　　　)

**4** みかんが 15こ ありました。その うち 8こ 食べましたが、あとから 13こ 買って きました。 いま みかんは 何こ ありますか。

しき 1つ15〔30点〕

答え (　　　　　　　)

チェック ☑
□ 正方形、長方形、直角三角形が きちんと かけたかな？
□ 文しょうで あらわされた もんだいが とけたかな？

ふろくの「計算れんしゅうノート」28〜29ページをやろう！

● わくわく プログラミング

# 学びのワーク

おわったら
シールを
はろう

教科書 下 110〜111ページ　答え 36ページ

## きほん 1　プログラムを つくって 車を うごかせますか。

☆ つぎの めいれい を 組み合わせて、車を うごかす プログラムを
つくります。いちばん 少ない めいれいで 行く プログラムを
つくるとき、□には あてはまる めいれいの 番ごうを、□には
あてはまる 数を かきましょう。

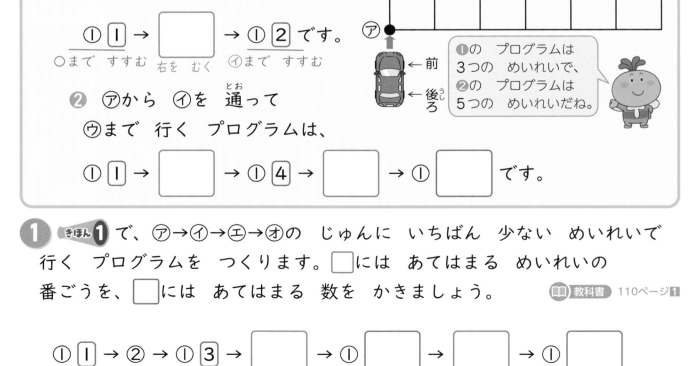

**めいれい**

① 前に □マス すすむ

② 右を むく

③ 左を むく

※①の めいれいは、□で あらわす
マスの 数が いくつでも 1つの
めいれいと 数えます。

❶ ⑦から ⑦まで 行く
プログラムは、

①[1] → [　] → ①[2] です。

　○まで すすむ　右を むく　⑦まで すすむ

❷ ⑦から ⑦を 通って
⑦まで 行く プログラムは、

①[1] → [　] → ①[4] → [　] → ① [　] です。

❶の プログラムは
3つの めいれいで、
❷の プログラムは
5つの めいれいだね。

**1** きほん1 で、⑦→⑦→⑦→⑦の じゅんに いちばん 少ない めいれいで
行く プログラムを つくります。□には あてはまる めいれいの
番ごうを、□には あてはまる 数を かきましょう。　教科書 110ページ1

①[1] → ② → ①[3] → [　] → ① [　] → [　] → ① [　]

おうちのかたへ　コンピュータなどを動かす命令のことを、プログラムといいます。できるだけ少ない命令で
目的地まで行くには、どうしたらよいか、考えてみましょう。

●べんきょうした 日　　月　　日

実力 はんてい テスト 夏休みのテスト①

時間 30分

名前　　　　　　　　　とく点

／100点

おわったら シールを はろう

教科書 ㊤ 10〜101ページ　答え 37ページ

**1** くだものの 数を ひょうや グラフに あらわしましょう。

1つ5〔10点〕

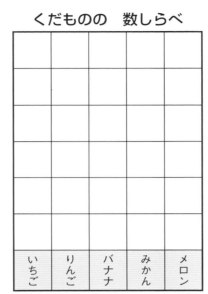

くだものの 数しらべ

| | | | | |
|---|---|---|---|---|
| | | | | |
| | | | | |
| | | | | |
| | | | | |
| | | | | |
| | | | | |
| いちご | りんご | バナナ | みかん | メロン |

くだものの 数しらべ

| くだもの | いちご | りんご | バナナ | みかん | メロン |
|---|---|---|---|---|---|
| 数（こ） | | | | | |

**2** いま 午前 8 時 25 分です。 つぎの 時こくを かきましょう。

1つ5〔10点〕

❶ 30 分あと

（　　　　　　　）

❷ 25 分前

（　　　　　　　）

**3** 左の はしから ㋐、㋑までの 長さは、 何cm 何mm ですか。

1つ5〔10点〕

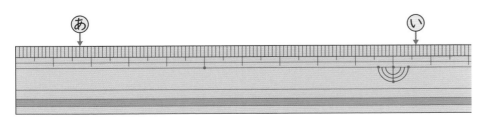

㋐（　　　　　　　）㋑（　　　　　　　）

**4** □に あてはまる 数を かきましょう。

1つ5〔10点〕

❶ 1L 3dL は、1dL の □ こ分の かさです。

❷ 1000mL ＝ □ L

**5** □に あてはまる 数を かきましょう。

1つ5〔20点〕

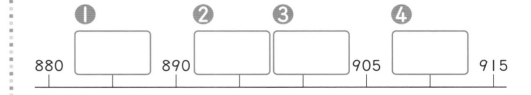

880　　890　　　　　905　　　915

**6** ひっ算で しましょう。

1つ5〔40点〕

❶　　51
　＋36

❷　　29
　＋47

❸　　67
　＋13

❹　　　8
　＋75

❺　　76
　－43

❻　　52
　－24

❼　　80
　－31

❽　　64
　－57

# 夏休みのテスト②

**1** すきな 花しらべを して、人数を グラフに あらわしました。

1つ5〔10点〕

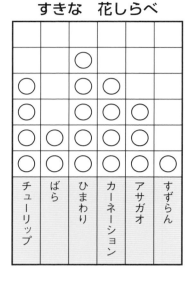

すきな 花しらべ

| チューリップ | ばら | ひまわり | カーネーション | アサガオ | すずらん |
|---|---|---|---|---|---|

❶ 人数が いちばん 多い 花は 何ですか。

（　　　　　）

❷ カーネーションと すずらんの 人数の ちがいは 何人ですか。

（　　　　　）

**2** 時計の 時こくを 午前か 午後を つかって かきましょう。

1つ6〔12点〕

❶

（　　　　　）

❷

（　　　　　）

**3** 計算を しましょう。

1つ6〔18点〕

❶ 1cm7mm＋3cm2mm

（　　　　　）

❷ 18cm5mm−6cm4mm

（　　　　　）

❸ 9cm4mm＋6mm

（　　　　　）

**4** 水の かさは どれだけですか。

1つ5〔10点〕

❶

（　　　　　）

❷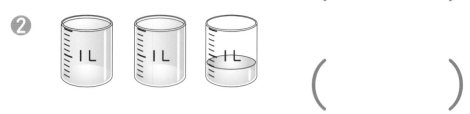

（　　　　　）

**5** □に あてはまる 数を かきましょう。

1つ5〔10点〕

❶ 581 は、100 を □こ、10 を □こ、1 を □こ あわせた 数です。

❷ 10 を 27こ あつめた 数は □です。

**6** ひっ算で しましょう。

1つ5〔40点〕

❶
```
   2 3
 + 4 5
```

❷
```
   5 3
 + 2 9
```

❸
```
   1 8
 + 6 2
```

❹
```
   4 7
 +   8
```

❺
```
   8 9
 − 3 4
```

❻
```
   6 4
 − 1 9
```

❼
```
   7 0
 − 2 6
```

❽
```
   9 1
 − 8 7
```

# 冬休みのテスト②

実力はんていテスト

時間 30分

名前　　　　　　とく点

／100点

おわったら
シールを
はろう

教科書　上 102〜下 65ページ　　答え　38ページ

## 1 くふうして　計算しましょう。　1つ5〔20点〕

❶　25＋30＋40　（　　　　　）

❷　7＋48＋2　（　　　　　）

❸　39＋7＋11　（　　　　　）

❹　14＋35＋26　（　　　　　）

## 2 4cmの　3つ分の　長さに　ついて
答えましょう。　1つ4〔8点〕

❶　この　長さは
4cmの
何ばいですか。

4cm　4cm　4cm

（　　　　　）

❷　4cmの　3つ分の　長さは
何cm ですか。

（　　　　　）

## 3 ●の　数を　くふうして　もとめましょう。
1つ5〔20点〕

❶

しき

答え（　　　　　）

❷

しき

答え（　　　　　）

## 4 つぎの　三角形や　四角形の　名前を
かきましょう。　1つ5〔20点〕

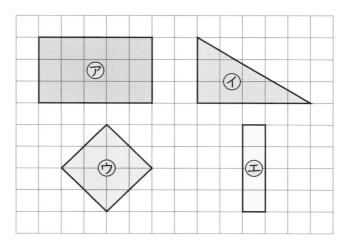

ア（　　　　　）　　　イ（　　　　　）

ウ（　　　　　）　　　エ（　　　　　）

## 5 計算を　しましょう。　1つ5〔20点〕

❶
```
  7 6
+ 8 7
```

❷
```
  3 5
+ 6 9
```

❸
```
  1 4 2
-   5 8
```

❹
```
  1 0 3
-   3 6
```

## 6 かけ算を　しましょう。　1つ3〔12点〕

❶　6×4　　　　❷　8×8

（　　　　　）（　　　　　）

❸　1×4　　　　❹　7×9

（　　　　　）（　　　　　）

実力はんていテスト

# 冬休みのテスト①

教科書　⊕ 102〜⊖ 65ページ　　答え　38ページ

**1** くふうして 計算します。□に あてはまる 数を かきましょう。　1つ6〔18点〕

❶ 9+27+3

➡ 9+（27+□）

➡ 9+□=□

❷ 6+35+5

➡ 6+（35+□）

➡ 6+□=□

❸ 4+42+16 ➡ 42+4+16

➡ 42+（4+□）

➡ 42+□=□

**2** かけ算の しきに かきましょう。　1つ4〔12点〕

❶  の 3さら分
2こ

しき（　　　　　　　）

❷  の 5ふくろ分
4こ

しき（　　　　　　　）

❸  の 7はこ分
5こ

しき（　　　　　　　）

**3** □に あてはまる 数を かきましょう。　1つ5〔10点〕

❶ 三角形には、辺が □つ あります。

❷ 四角形には、ちょう点が □つ あります。

**4** 計算を しましょう。　1つ5〔20点〕

❶
```
   6 7
 + 7 5
```

❷
```
   5 4
 + 4 8
```

❸
```
   1 7 3
 -   8 6
```

❹
```
   1 0 5
 -   4 7
```

**5** かけ算を しましょう。　1つ5〔40点〕

❶ 2×7　　　　　❷ 9×5

（　　　）　　（　　　）

❸ 8×4　　　　　❹ 6×9

（　　　）　　（　　　）

❺ 4×8　　　　　❻ 5×6

（　　　）　　（　　　）

❼ 7×3　　　　　❽ 3×9

（　　　）　　（　　　）

●べんきょうした 日　　月　　日

時間 **30**分

名前　　　　　　　　とく点

おわったら
シールを
はろう

/100点

教科書　⓪10〜⑦118ページ　答え　39ページ

実力
はんてい
テスト

# 学年末のテスト①

**1** いくつですか。数字で かきましょう。

1つ5〔10点〕

❶

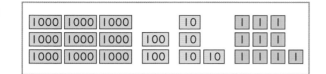

（　　　　　）

❷

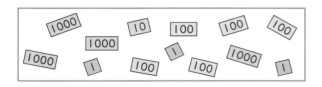

（　　　　　）

**2** つぎの 数は いくつですか。 1つ4〔16点〕

❶ 10 を 39 こ あつめた 数

（　　　　　）

❷ 100 を 80 こ あつめた 数

（　　　　　）

❸ 1000 より 100 小さい 数

（　　　　　）

❹ 9999 より 1 大きい 数

（　　　　　）

**3** 色を ぬった ところの 大きさは、
もとの 大きさの 何分の一ですか。 1つ4〔8点〕

❶

（　　　　　）

❷

（　　　　　）

**4** □に あてはまる 数を かきましょう。

1つ5〔30点〕

❶ 1m＝ □ cm

❷ 36mm＝ □ cm □ mm

❸ 5cm7mm＝ □ mm

❹ 480cm＝ □ m □ cm

❺ 1L＝ □ mL

❻ 1L＝ □ dL

**5** かけ算を しましょう。 1つ3〔30点〕

❶ 5×5　　　　❷ 6×8

（　　　）（　　　）

❸ 4×7　　　　❹ 8×1

（　　　）（　　　）

❺ 9×3　　　　❻ 7×6

（　　　）（　　　）

❼ 6×2　　　　❽ 3×4

（　　　）（　　　）

❾ 2×9　　　　❿ 9×7

（　　　）（　　　）

**6** 答えが 48 に なる 九九を みんな
みつけましょう。 〔6点〕

（　　　　　　　　　　　　　）

●べんきょうした 日　　月　　日

名前　　　　　　　　　とく点

時間 30分

おわったら
シールを
はろう

/100点

実力はんていテスト　学年末のテスト②

教科書　①10〜①118ページ　答え　39ページ

**1** □に あてはまる ＞、＜、＝を かきましょう。　　　1つ5〔30点〕

❶ 1時間40分 □ 90分

❷ 456 □ 465

❸ 700 □ 1000−300

❹ 8m □ 800cm＋10mm

❺ 6cm2mm □ 62mm

❻ 230dL □ 2L3dL

**2** □に あてはまる 数を かきましょう。　　　1つ5〔15点〕

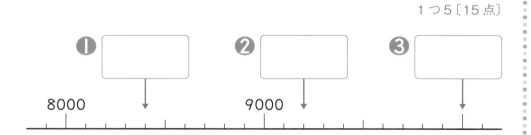

❶ □　❷ □　❸ □

8000　　　9000

**3** つぎのような はこの 形に ついて 答えましょう。　　　1つ5〔15点〕

❶ ちょう点は いくつ ありますか。

（　　　　　）

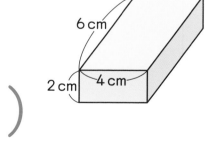

6cm
2cm　4cm

❷ 6cmの 辺は いくつ ありますか。

（　　　　　）

❸ たて 2cm、よこ 4cmの 長方形の 面は、いくつ ありますか。

（　　　　　）

**4** （　）に あてはまる たんいを かきましょう。　　　1つ4〔16点〕

❶ ペットボトルに はいる 水の かさ

……………… 500（　　　）

❷ 校しゃの 高さ

……………… 12（　　　）

❸ やかんに はいる 水の かさ

……………… 2（　　　）

❹ つくえの 高さ

……………… 60（　　　）

**5** ひっ算で しましょう。　　　1つ4〔24点〕

❶ 58＋75

❷ 324＋53

❸ 6＋239

❹ 148−62

❺ 458−56

❻ 913−7

●べんきょうした 日　　月　　日

名前　　　　　　　　　　とく点

おわったら
シールを
はろう

/100点

時間 30分

教科書 ㊤10〜㊦118ページ　答え 40ページ

# 実力はんていテスト まるごと 文章題テスト②

**1** みかんが 24こ ありました。何こか
食べると のこりが 15こに なりました。
食べた みかんは 何こですか。　　1つ6〔24点〕

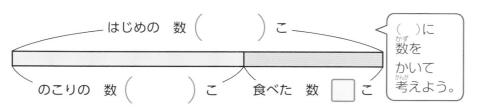

はじめの 数（　　　）こ
のこりの 数（　　　）こ　食べた 数 □こ
（　）に数をかいて考えよう。

しき

答え（　　　　　　　　　）

**2** 色紙を 47まい もって います。
お兄さんから 75まい もらうと、色紙は
ぜんぶで 何まいに なりますか。　1つ6〔12点〕

しき

答え（　　　　　　　　　）

**3** 長いすが 5つ
あります。1つの
いすに 7人ずつ
すわります。
みんなで 何人
すわれますか。
1つ6〔12点〕

しき

答え（　　　　　　　　　）

**4** 公園に おとなが 26人、子どもが
67人 います。どちらが 何人
多いですか。　　　　　　　　1つ6〔12点〕

しき

答え（　　　　　　　　　）

**5** ゆうとさんは、まいにち 本を よんで
います。今日は 47ページ よみました。
今日は きのうより 12ページ 多く
よみました。きのうは 何ページ
よみましたか。　　　　　　　1つ6〔12点〕

しき

答え（　　　　　　　　　）

**6** すみれさんは、
135円の ノートと
48円の えんぴつを
買います。何円に
なりますか。
1つ7〔14点〕

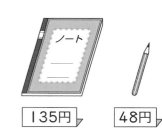

ノート　135円　　48円

しき

答え（　　　　　　　　　）

**7** マンガが 12さつ、図かんが 6さつ、
絵本が 14さつ あります。ぜんぶで
何さつ ありますか。　　　　　1つ7〔14点〕

しき

答え（　　　　　　　　　）

●べんきょうした 日　　月　　日

名前　　　　　　　　　　とく点

おわったら
シールを
はろう

／100点

時間
30分

教科書　⊕10〜⊖118ページ　答え　40ページ

まるごと
**文章題テスト①**

1　ひもを　何mか　買いました。その
うち　13m　つかったので、7m
のこりました。買った　ひもは　何mですか。

1つ6〔24点〕

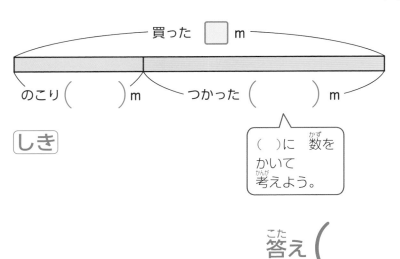

買った　□m

のこり（　　）m　　つかった（　　　　）m

（　）に　数を
かいて
考えよう。

しき

答え（　　　　　　　）

2　赤い　色紙が　54まい、青い　色紙が
47まい　あります。どちらが　何まい
多いですか。

1つ6〔12点〕

しき

答え（　　　　　　　）

3　ゆうきさんは、
カードを　50まい
もって　います。
お兄さんから
18まい　もらうと、
ぜんぶで　何まいに
なりますか。

1つ6〔12点〕

しき

答え（　　　　　　　）

4　アルミかんと　スチールかんを　あわせて
120こ　あつめました。その　うち
アルミかんは　26こでした。スチールかんは
何こですか。

1つ6〔12点〕

しき

答え（　　　　　　　）

5　えんぴつが　68本、ボールペンが　42本
あります。ぜんぶで　何本　ありますか。

しき

1つ6〔12点〕

答え（　　　　　　　）

6　校ていで、子どもが　25人　あそんで
いました。3人　かえって、あとから　7人
来ました。子どもは　何人に　なりましたか。

1つ7〔14点〕

しき

答え（　　　　　　　）

7　子どもが　6人　います。1人に
ノートを　5さつずつ　くばります。
ノートは　何さつ　いりますか。　1つ7〔14点〕

しき

答え（　　　　　　　）

# 教科書ワーク
# 答えとてびき

啓林館版

## 算数 2 年

---

## ① ひょうと グラフ

### 2・3 ページ きほんのワーク

きほん1 ❶

すきな きゅう食しらべ

| すきなきゅう食 | てんぷら | ハンバーグ | たつたあげ | カレー | てりやき | シチュー |
|---|---|---|---|---|---|---|
| 人数(人) | 5 | 6 | 2 | 7 | 3 | 4 |

❷ すきな きゅう食しらべ

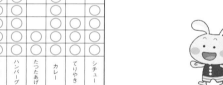

（グラフ 下部ラベル：てんぷら／ハンバーグ／たつたあげ／カレー／てりやき／シチュー）

❸ カレー
❹ たつたあげ
❺ 2人(多い。)

**てびき** 表やグラフを使った整理のしかたを学びます。数をきちんと知る目的の場合は表で、ひと目で多少(大小)を見る目的の場合はグラフで整理します。
❶ 絵から人数を読み取ります。
❷ ❶の表からその数だけ○をかきます。
❸ ❷でかいたグラフから、いちばん多い給食を見つけます。
❹ ❷でかいたグラフから、いちばん少ない給食を見つけます。
❺ ハンバーグとシチューの○の数の違いから読み取ります。

❶ 虫の 数しらべ

| 虫 | バッタ | コオロギ | チョウ | トンボ | カマキリ | カブトムシ |
|---|---|---|---|---|---|---|
| 数(ひき) | 1 | 6 | 4 | 5 | 2 | 3 |

虫の 数しらべ

（グラフ 下部ラベル：バッタ／コオロギ／チョウ／トンボ／カマキリ／カブトムシ）

**てびき** ○をかいていくとき、下から順にかいているか見てください。数があっていても、バラバラにかいたりすると、数の大小が比較できません。

❷ ❶ くだものの 数しらべ

| くだもの | りんご | メロン | いちご | バナナ | みかん | ぶどう |
|---|---|---|---|---|---|---|
| 数(こ) | 6 | 1 | 7 | 3 | 2 | 5 |

❷ くだものの 数しらべ

（グラフ 下部ラベル：りんご／メロン／いちご／バナナ／みかん／ぶどう）

❸ りんご
❹ 4こ(多い。)
❺ 3こ(少ない。)

**てびき** 初めのうちは、くだものの数を数え上げるとき、ダブルカウントをしてしまいがちです。○をつけたり、線をひくなどして、数え間違いをなくしましょう。

☞ **たしかめよう!**
みのまわりにも ひょうや グラフが あるよ。

# 4ページ れんしゅうのワーク

❶ ❶ 図形の 形しらべ

| 形 | まる | しかく | さんかく | ほし |
|---|---|---|---|---|
| 数(こ) | 5 | 7 | 6 | 4 |

図形の 形しらべ

（グラフ）

まる | しかく | さんかく | ほし

図形の 色しらべ

| 色 | 赤 | 青 | 黄 |
|---|---|---|---|
| 数(こ) | 8 | 8 | 6 |

図形の 色しらべ

（グラフ）

赤 | 青 | 黄

❷ しかく

❸ 黄（色）

**てびき** ❶図形の形と色のどちらに注目するのか、気をつけて数えましょう。
同じ形でも色が違うと別のものに見えることがあり、数え間違う可能性があります。また、色が同じで形が違う場合も同様です。数え間違いをなくすために、印をつけて数えるようにしましょう。
この問題に取り組む際は、色と形の一方について調べ終わったら、印を消すか、他方には別の印をつけるなどの工夫が必要です。
❷❶でかいた「図形の形しらべ」のグラフから、いちばん多い形を見つけます。
❸❶でかいた「図形の色しらべ」のグラフから、いちばん少ない色を見つけます。

# 5ページ まとめのテスト

❶ ❶ すきな あそびしらべ

| すきな あそび | ボールなげ | ボールけり | ブランコ | なわとび | かくれんぼ | てつぼう |
|---|---|---|---|---|---|---|
| 人数（人） | 6 | 4 | 2 | 3 | 7 | 4 |

❷ すきな あそびしらべ

（グラフ）

ボールなげ | ボールけり | ブランコ | なわとび | かくれんぼ | てつぼう

**てびき** ❶それぞれの遊びについて、何人いるかを数えて、表にかき込んでいきます。
かくれんぼなど、人数が多い遊びについては、数え間違いを防ぐため、印をつけながら数えるとよいでしょう。
❷❶の表にかき込んだ数だけグラフに〇をかきます。〇をかくときは、下から順にかくように習慣づけましょう。

❷ ❶ かくれんぼ

❷ なわとび

❸ ボールなげ、3

❹ グラフ、ひょう

**てびき** ❶❶でかいたグラフから、いちばん多い遊びを見つけます。
❷❶でかいたグラフから、まず、いちばん少ない遊びを見つけ、それから、その次に少ない遊びを見つけます。
❸❶でかいたグラフから、ボールなげとなわとびの2つの遊びの数の違いを読み取ります。
❹人数の多少は、グラフの高低からすぐに読み取れます。
また、人数は、数字で表されている表の方がすぐに読み取れます。

**6・7ページ きほんのワーク**

**きほん1** ❶ しき 16+4=?
❷ 🎋が 1こと 〡が 10こで 20
しき 16+4=20　　　　答え 20台

**てびき** 1年生では、たして 10 になる数を学習しました。そこから、たして 20 になる数、たして何十になる数の計算を学習します。たして 10 になる数の計算は、初期に間違えると、あとあとまで尾を引きます。2年生の現段階で、もし、ミスがあるようなら、正確に早くできるように練習しましょう。

❶ 30
❷ ❶ 20　　　　　❷ 20
　❸ 40　　　　　❹ 90
❸ ❶ 5　　　❷ 2　　　❸ 9

**きほん2** ❶ しき 16+6=?
❷ ・16に 4を たして 20
　・20と 2で 22
しき 16+6=22　　　　答え 22台

❹ ❶ 41　　　　　❷ 22

**てびき** ❶ 7に 3をたすと 10です。4を 3+1 と考えて、37+3=40、40+1=41 と計算します。
❷ 4に 6をたすと 10です。8を 6+2と考えて、14+6=20、20+2=22 と計算します。

❺ 28+5　❶ 28に 2を たして 30
　2 3　❷ 30と 3で 33
❻ ❶ 25　　❷ 61　　❸ 43　　❹ 82

**てびき** ❶ 17に 3をたすと 20 となるから、17+8は 8を 3+5と考えて、17+3=20、20+5=25 と計算します。
❷ 59に 1をたすと 60 となるから、59+2は 2を 1+1と考えて、59+1=60、60+1=61 と計算します。
❸ 34に 6をたすと 40 となるから、34+9は 9を 6+3と考えて、34+6=40、40+3=43 と計算します。
❹ 77に 3をたすと 80 となるから、77+5は 5を 3+2と考えて、77+3=80、80+2=82 と計算します。

**8・9ページ きほんのワーク**

**きほん1** ❶ しき 20-7=?
❷ ・10から 7を ひいて 3
　・🎋が 1こと 〡が 3こで 13
しき 20-7=13　　　　答え 13人

**てびき** 何十から1桁の数をひく計算を学習します。10から1桁の数をひくのは、1年生で学習しました。10のたばを1たばほどいて計算し、それに、残りの何十の数が加わった数というとらえ方をしていけば、理解しやすいでしょう。

❶ 47
❷ ❶ 11　　　　　❷ 18
　❸ 44　　　　　❹ 57
　❺ 49　　　　　❻ 62
　❼ 33　　　　　❽ 86

**きほん2** ❶ しき 21-7=?
❷ ・20から 7を ひいて 13
　・13と 1で 14
しき 21-7=14　　　　答え 14人

**てびき** 何十から1桁の数をひく計算と、何十何から1桁の数をひく計算を学習します。前者については、何十を何十と 10のたばに分け、10から1桁の数をひき、それに分けた何十を加えます。後者については、何十から1桁の数をひく計算をもとに考えます。何十何を、何十と1桁の数に分けましょう。

❸ ❶ 25　　❷ 17
❹ 76-9　❶ 70から 9を ひいて 61
　70 6　❷ 61と 6で 67
❺ ❶ 17　　❷ 44　　❸ 39　　❹ 77

**てびき** ❶ 23-6の 23を 20と 3に分けます。20-6=14 となるから、これに 3をたして、14+3=17 と計算します。
❷ 51-7の 51を 50と 1に分けます。50-7=43 となるから、これに 1をたして、43+1=44 と計算します。
❸ 47-8の 47を 40と 7に分けます。40-8=32 となるから、これに 7をたして、32+7=39 と計算します。
❹ 82-5の 82を 80と 2に分けます。80-5=75 となるから、これに 2をたして、75+2=77 と計算します。

## れんしゅうのワーク

❶ ⓘ 38　　ⓞ 79　　ⓚ 32
　ⓚ 85　　ⓠ 65　　ⓠ 70

**てびき**
　ⓐ 12+8=30 × → 12+8=20 ○
　ⓘ 40−2=48 × → 40−2=38 ○
　ⓤ 19+5=24 ○　ⓔ 37−8=29 ○
　ⓞ 88−9=89 × → 88−9=79 ○
　ⓚ 23+9=30 × → 23+9=32 ○
　ⓚ 78+7=75 × → 78+7=85 ○
　ⓠ 70−5=75 × → 70−5=65 ○
　ⓠ 64+6=60 × → 64+6=70 ○
　ⓒ 56+6=62 ○　ⓢ 22−7=15 ○

❷ ❶ [しき] 26+9=35　　答え 35 さつ
　❷ [しき] 26−9=17　　答え 17 さつ

**てびき**
❶「あわせて」はたし算に、❷「ちがい」はひき算になるところが大切なポイントです。

## まとめのテスト

**1** ❶ [41] 本　　❷ [29] 本
**2** ❶ 47+4　　ⓐ 47 に [3] を たして 50
　　[3][1]　　ⓘ 50 と [1] で [51]
　❷ 53−6　　ⓐ [50] から 6 を ひいて 44
　　[50][3]　　ⓘ 44 と [3] で [47]
**3** ❶ 20　　❷ 50　　❸ 26　　❹ 85
　❺ 17　　❻ 72　　❼ 19　　❽ 57

**てびき**
❸ 18 に 2 をたすと 20 となるから、
18+8 は 8 を 2+6 と考えて、
18+2=20、20+6=26 と計算します。
❹ 76 に 4 をたすと 80 となるから、
76+9 は 9 を 4+5 と考えて、
76+4=80、80+5=85 と計算します。
❼ 24−5 の 24 を 20 と 4 に分けます。
20−5=15 となるので、これに 4 をたして、
15+4=19 と計算します。
❽ 61−4 の 61 を 60 と 1 に分けます。
60−4=56 となるので、これに 1 をたして、
56+1=57 と計算します。

**4** [しき] 55−9=46　　　答え 46 こ

**てびき**
初めに 55 こ持っていて、妹に 9 こあげると何こになるか、と問われているので、ひき算の式になります。場面を想像してから式をつくるようにしましょう。

## ③ 時こくと 時間

## きほんのワーク

**きほん1** ❶ [10] 時　　・[1] 分
　❷ [10] 時 [10] 分
　❸ [10] 分
　❹ [60] 分　　・[1] 時間　　・1 時間=[60] 分
　❺ [11] 時 10 分

**てびき**
　普段の生活の中で、時計を意識するようにしましょう。例えば、出かけるときに、「今何時かな？」と問いかけてみたり、帰ってきたときに時刻を聞いて、出かけた時刻と比べて、かかった時間を計算するような訓練をするとよいでしょう。
　慣れないうちは、時刻と時間の違いがなかなか理解できないお子さんも多いようですが、くり返し経験して身につけましょう。

❶ ❶ 12 分　　　　❷ 30 分
　❸ 30 分　　　　❹ 20 分

**てびき**
　左の時計から何分たつと、右の時計になるかを考えていきます。
　❶ 7 時から 12 分たつと 7 時 12 分になります。
　❷ 1 時から 30 分たつと 1 時 30 分になります。
　❸ 4 時 30 分から 30 分たつと 5 時になります。
　❹ 7 時 40 分から 20 分たつと 8 時になります。

❷ ❶ 9 時 30 分　　　❷ 4 時 45 分
　❸ 4 時 50 分　　　❹ 6 時 10 分

**てびき**
　❶ 9 時の 30 分後は、9 時 30 分です。
　❷ 3 時 45 分の 1 時間後は、3+1=4 より、4 時 45 分です。
　❸ 5 時 50 分の 1 時間前は、5−1=4 より、4 時 50 分です。
　❹ 6 時 40 分の 30 分前は、40−30=10 より、6 時 10 分です。

❸ ❶ 2 時 55 分　　　❷ 1 時 55 分

**てびき**
　❶ 2 時 25 分の 30 分後は、長針が 5 の目もりから 11 の目もりまで進むので、2 時 55 分です。
　❷ 2 時 25 分の 30 分前は、時間を分割して考えます。30=25+5 で、まず、2 時 25 分の 25 分前を考えると、2 時です。さらに、2 時の 5 分前を考えると、1 時 55 分です。

**きほん1** ❶ 午前 6 時 30 分

❷ 午後 4 時 20 分

❸ 12 時間、12 時間、24 時間

**てびき** ここでは、「午前」「正午」「午後」の意味について学習します。午前・午後の概念がしっかり身につくように、普段の生活の中でも、午前・午後を使って時刻を表してみましょう。また、余力のあるお子さんには、24 時間表記の方法もあることを、バスや電車の時刻表などを示しながら、教えてあげましょう。

❶ ❶ 午前 7 時　　　❷ 午後 8 時 48 分

**てびき** ❶ 朝の時刻は午前になります。時計は7 時を指しているので、時刻は午前 7 時です。❷ 夜の時刻は午後になります。時計は 8 時 48 分を指しているので、時刻は午後 8 時 48 分です。

**きほん2** ❶ 午前 10 時　　　❷ 午後 3 時

❸ 2 時間　　❹ 3 時間　　・5 時間

**てびき** 午前から午後にまたがる時間の求め方を学習します。初めのうちは、正午の前後に時間を分けて考えた方が理解しやすいです。午前 10 時から正午（午前 12 時）までの時間は2 時間です。

正午（午後 0 時）から午後 3 時までの時間は 3 時間です。

したがって、正午の前後の時間をあわせると、2＋3＝5 で、5 時間です。

❷ ❶ 午後 4 時 30 分　　　❷ 20 分

**てびき** 時計の表している時刻は午後 4 時です。❶ 午後 4 時の 30 分後の時刻は午後 4 時 30 分です。❷ 午後 4 時から午後 4 時 20 分までの時間は、20 分です。

❸ 3 時間

**てびき** 午前 11 時から午後 2 時までの時間なので、午前 11 時から正午までの 1 時間と、正午から午後 2 時までの 2 時間の合計 3 時間になります。

❶ ❶ 午前 10 時

❷ 午前 11 時 40 分

❸ 午後 1 時 50 分

❹ 45 分

❺ 30 分

❻ 6 時間

**てびき** 時計の要素と文章題の要素の混じった問題です。文章を注意深く読み、時間を読み取る問題は、2 年生の最初の時期としては、レベルの高い問題です。「一見難しそうな問題も、注意深く読めばできる。」という達成感を味わうのがねらいです。

まずは、時刻と時間の違いをきちんと理解し、何を問われているのかを、しっかり見極めるようにしましょう。

特に、時刻と時刻の間の長さを表す「時間」をイメージするのは難しいかもしれません。

普段の生活の中で、時間の感覚を養い、図を使ったりしながら、正しく答えられるようになるまで、くり返し練習しましょう。

❶ 出かける準備を始めたのは午前 9 時で、その 1 時間後なので、9＋1＝10 より、午前 10 時です。

❷ 家を出たのは午前 11 時で、その 40 分後なので、午前 11 時 40 分です。

❸ 昼ごはんを食べ始めたのは午後 1 時 20 分で、その 30 分後なので、20＋30＝50 より、午後 1 時 50 分です。

❹ イルカのショーが始まった時刻は午後 2 時で、終わったのは午後 2 時 45 分です。したがって、かかった時間は 45 分です。

❺ アシカのショーが始まった時刻は午後 3 時 30 分で、終わったのは午後 4 時です。したがって、かかった時間は 30 分です。

❻ 家を出た午前 11 時から正午までの時間は1 時間、正午から家に着いた午後 5 時までの時間は 5 時間です。したがって、1＋5＝6 より、かかった時間は 6 時間です。

## まとめのテスト

1 ① 24分

② 20分

**てびき** 左の時計の時刻から何分たつと、右の時計の時刻になるかを考えます。

① 10時から24分たつと、10時24分になります。

② 3時40分から20分たつと、4時になります。

2 ① 9時5分

② 10時5分

**てびき** ① 9時35分の30分前は、長針が7の目もりから1の目もりまで戻るので、9時5分です。

② 9時35分の30分後は、時間を分割して考えます。

30＝25＋5だから、まず、9時35分の25分後を考えると、10時です。

さらに、10時の5分後を考えると、10時5分です。

3 ① 1時間＝60分

② 1日＝24時間

**てびき** ① 長針がひと回りする時間が1時間で、1時間は60分であることを、しっかり覚えておきましょう。

② 短針がひと回りする時間が12時間で、午前と午後は、それぞれ12時間です。

1日は短針がふた回りして24時間であることをきちんと理解し、覚えておきましょう。

4 ① 午前7時50分

② 午後9時20分

**てびき** ① 朝の時刻は午前になります。

② 夜の時刻は午後になります。

5 ① 午前8時10分

② 15分

**てびき** ① 午前8時40分の30分前は、40－30＝10より、午前8時10分です。

② 時刻と時刻の間の長さを表す「時間」を求めます。時刻と時間の違いを、しっかり理解しておきましょう。

---

## ④ 長さ

## きほんのワーク

きほん1 ・ ものさし ・ cm

・1cmの 4 つ分で 4 cmです。

1 ① 7cm ② 5cm

**てびき** 子どもからよく受ける質問に「物差しと定規ってどう違うの?」というものがあります。物差しは長さを測る道具で、定規は直線や曲線あるいは、直角などをかく道具（製図などで、曲線は雲形定規というものを使います）という違いがあります。学校で使用する物差しは、目もりのない方で直線をかく定規としてよく使いますので、このような質問が出てくるのでしょう。目もりのある方でそのまま直線をひいているお子さんをよく目にしますが、目もりをつぶしたり、実際にひいてみると厚さがないので、鉛筆が物差しに乗り上げたりして、線がひきにくいものです。豆知識としてお子さんに教えてあげてください。

きほん2 ・ mm ・1cm＝ 10 mm

・まっすぐな 線を 直線 と いいます。

・直線の 長さは 3 cm 4 mm です。

また、3cm＝ 30 mmなので、

34 mm と いえます。

2 4cm7mm、47mm

3 ① 7cm8mm ② 10cm2mm

4 略

**てびき** 例えば、6cm5mmは、正しく読めば、「6センチメートル5ミリメートル」ですが、一般には、省略して、「6センチ5ミリ」と読みます。物事を簡略化するのは、日本ではよく見る表現です。お子さんには、「短い方がいいやすいよね。だから、こういういい方もあるんだよ。」と、説明してあげてください。また、長さに限りのある直線は、本来、「線分」といいます。線分は正式には中学校で学習します。この学年では、直線のままで問題ありません。

4 上記解答は「略」としていますが、ご家庭で長さをチェックしてあげてください。

---

**たしかめよう!**

4 14cmの 直線を かく ときは、ものさしで14cm はなれた 2つの 点を うち、直線でむすびます。

**きほん①**
・5cm5mm＋3cm2mm＝⑧cm⑦mm
・①の　道の　長さは　⑦cm③mm です。
　8cm7mm−7cm3mm＝①cm④mm

**てびき**　普通のたし算、ひき算はできるけど、単位が混じると、とたんにできなくなるというケースが多いものです。cm は cm の単位で、mm は mm の単位ごとに計算すればよいと理解できても、いざ問題にあたると、わからなくなってしまう場合があります。
次のように、同じ単位ごとに線をひいて確かめてみると、ハードルが下がり、理解が進むようです。

5cm 5mm＋3cm 2mm＝8cm 7mm
8cm 7mm−7cm 3mm＝1cm 4mm

① ❶ 2cm3mm＋4cm2mm＝6cm5mm
　❷ 6cm1mm＋1cm8mm＝7cm9mm
　❸ 3cm4mm＋6mm＝4cm
　❹ 6cm3mm＋7mm＝7cm
　❺ 8cm7mm−3mm＝8cm4mm
　❻ 5cm8mm−8mm＝5cm
　❼ 7cm9mm−4cm2mm＝3cm7mm
　❽ 4cm1mm−1mm＝4cm

**てびき**　cm と mm の単位ごとに計算します。
❶ 2cm＋4cm＝6cm、3mm＋2mm＝5mm
だから、2cm3mm＋4cm2mm＝6cm5mm
❸❹ mm のたし算の答えが 10mm＝1cm となることに注意しましょう。
❼ 7cm−4cm＝3cm、9mm−2mm＝7mm
だから、7cm9mm−4cm2mm＝3cm7mm
また、次の章で学習する筆算と同じような方法で計算することもできます。
例えば、❷で、6cm1mm＋1cm8mm を

```
  6cm 1mm
+ 1cm 8mm
―――――――
  7cm 9mm
```

と計算して答えを求めることもできます。
さらに、❸では、

```
  3cm 4mm
+     6mm
―――――――
  4cm 0mm
```

と計算できます。（0mm は答えとしては省略されますので、注意してあげてください。）

1 ❶ 5cm1mm（51mm）
　❷ 3cm5mm（35mm）

**てびき**　❶ 大きい目もり5個分で5cm、小さい目もり1個分で1mm だから、あわせて5cm1mm です。大きい目もり1つを10個に分けた1つ分が1mm だから、1cm＝10mm で、5cm＝50mm なので、このテープの長さは、50＋1＝51（mm）とも表せます。

2 8cm4mm、84mm
3 ❶ 7cm
　❷ 10cm5mm
4 略

**てびき**　解答は「略」としていますが、ご家庭で長さをチェックしてあげてください。
直線をかくときは、次の手順でかきます。物差しを動かないようにしっかり押さえてかくことがポイントです。

①点を打つ。
②点に物差しを合わせる。
③決めた長さのところに点を打つ。
④物差しの目もりのない方を2つの点に合わせる。
⑤点と点を直線で結ぶ。

まっすぐで正確な長さの直線がかけるようになるまで、くり返し練習しましょう。

5 ❶ 3cm6mm＋2cm3mm＝5cm9mm
　❷ 7cm1mm＋9mm＝8cm
　❸ 6cm5mm−4cm2mm＝2cm3mm
　❹ 8cm4mm−4mm＝8cm

**てびき**　cm と mm の単位ごとに計算します。
mm のたし算の答えが10のときは、特に注意しましょう。
❶ 3cm＋2cm＝5cm、6mm＋3mm＝9mm
だから、3cm6mm＋2cm3mm＝5cm9mm
❷ 1mm＋9mm＝10mm で、10mm＝1cm
だから、7cm＋1cm＝8cm
❸ 6cm−4cm＝2cm、5mm−2mm＝3mm
だから、6cm5mm−4cm2mm＝2cm3mm
❹ 4mm−4mm＝0mm だから、
8cm4mm−4mm＝8cm
答えを書くとき、0mm は書かないので、気をつけましょう！

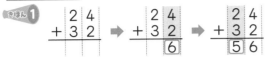

⑤ たし算と ひき算の ひっ算⑴

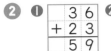

### きほん❶

$$\begin{array}{r} 24 \\ +32 \\ \hline \end{array} \Rightarrow \begin{array}{r} 24 \\ +32 \\ \hline 6 \end{array} \Rightarrow \begin{array}{r} 24 \\ +32 \\ \hline 56 \end{array}$$

❶ くらいを たてに そろえて かく。
❷ 一のくらいを たす。
❸ 十のくらいを たす。

$4+2=\boxed{6}$　$2+3=\boxed{5}$

しき 24+32=$\boxed{56}$　　答え $\boxed{56}$本

① ❶ 67　　❷ 65

② ❶ $\begin{array}{r} 36 \\ +23 \\ \hline 59 \end{array}$　❷ $\begin{array}{r} 33 \\ +65 \\ \hline 98 \end{array}$　❸ $\begin{array}{r} 51 \\ +27 \\ \hline 78 \end{array}$　❹ $\begin{array}{r} 15 \\ +42 \\ \hline 57 \end{array}$

> **てびき** 縦に揃った位どうしをそれぞれ計算します。ここでは、まだ、くり上がりの計算はありません。くり上がりのある計算は きほん❷ で学習します。

### きほん❷

$$\begin{array}{r} 37 \\ +25 \\ \hline \end{array} \Rightarrow \begin{array}{r} 37 \\ +25 \\ \hline 2 \end{array} \Rightarrow \begin{array}{r} 37 \\ +25 \\ \hline 62 \end{array}$$

❶ くらいを たてに そろえて かく。
❷ 一のくらいを たす。
❸ 十のくらいを たす。

$7+5=\boxed{12}$　$1+3+2=\boxed{6}$

③ ❶ $\begin{array}{r} 29 \\ +33 \\ \hline 62 \end{array}$　❷ $\begin{array}{r} 42 \\ +38 \\ \hline 80 \end{array}$　❸ $\begin{array}{r} 87 \\ +\phantom{0}6 \\ \hline 93 \end{array}$　❹ $\begin{array}{r} \phantom{0}4 \\ +66 \\ \hline 70 \end{array}$

> **てびき** ❸では、右のような間違いをしないように注意しましょう。
> $\begin{array}{r} 87 \\ +\phantom{0}6 \leftarrow \\ \hline \phantom{00} \end{array}$
> ❹でも、右のような間違いをしないように注意しましょう。
> $\begin{array}{r} \phantom{0}4 \leftarrow \\ +66 \\ \hline \phantom{00} \end{array}$

④ しき 25+36=61
　　答え 61まい
　ひっ算 $\begin{array}{r} 25 \\ +36 \\ \hline 61 \end{array}$

⑤ たされる数 … $58$ 　→　 $36$
　たす数 …… $\begin{array}{r} +36 \\ \hline 94 \end{array}$　$\begin{array}{r} +58 \\ \hline 94 \end{array}$
　答え ……

> 🖐 **たしかめよう！**
> ひっ算は くらいを そろえて かき、くらいごとに 計算を します。
> 十のくらいに 数が ない ときの 計算は 数を かく ところを まちがえないように しよう！

---

 24・25 ページ きほんのワーク

### きほん❶

$$\begin{array}{r} 38 \\ -25 \\ \hline \end{array} \Rightarrow \begin{array}{r} 38 \\ -25 \\ \hline 3 \end{array} \Rightarrow \begin{array}{r} 38 \\ -25 \\ \hline 13 \end{array}$$

❶ くらいを たてに そろえて かく。
❷ 一のくらいを ひく。
❸ 十のくらいを ひく。

$8-5=\boxed{3}$　$3-2=\boxed{1}$

① ❶ $\begin{array}{r} 79 \\ -47 \\ \hline 32 \end{array}$　❷ $\begin{array}{r} 85 \\ -32 \\ \hline 53 \end{array}$　❸ $\begin{array}{r} 56 \\ -26 \\ \hline 30 \end{array}$　❹ $\begin{array}{r} 51 \\ -41 \\ \hline 10 \end{array}$

> **てびき** 初めのうちは、❸と❹の計算で、一の位の0を書き忘れるお子さんが多いです。注意しましょう。

② しき 66-24=42
　　　答え 42まい
　ひっ算 $\begin{array}{r} 66 \\ -24 \\ \hline 42 \end{array}$

### きほん❷

$$\begin{array}{r} 43 \\ -18 \\ \hline \end{array} \Rightarrow \begin{array}{r} 4\overset{3}{\cancel{}}3 \\ -18 \\ \hline 5 \end{array} \Rightarrow \begin{array}{r} 4\overset{3}{\cancel{}}3 \\ -18 \\ \hline 25 \end{array}$$

❶ くらいを たてに そろえて かく。
❷ 一のくらいを ひく。
❸ 十のくらいを ひく。

$13-8=\boxed{5}$　$3-1=\boxed{2}$

③ ❶ $\begin{array}{r} 42 \\ -27 \\ \hline 15 \end{array}$　❷ $\begin{array}{r} 60 \\ -52 \\ \hline 8 \end{array}$　❸ $\begin{array}{r} 83 \\ -\phantom{0}4 \\ \hline 79 \end{array}$　❹ $\begin{array}{r} 90 \\ -\phantom{0}6 \\ \hline 84 \end{array}$

> **てびき** ❸では、右のような間違いをしないように注意しましょう。
> $\begin{array}{r} 83 \\ -\phantom{0}4 \leftarrow \\ \hline 43 \end{array}$
> ❹でも、右のような間違いをしないように注意しましょう。
> $\begin{array}{r} 90 \\ -\phantom{0}6 \leftarrow \\ \hline 30 \end{array}$

④ ひかれる数 … $68$ 　→　 $15$
　ひく数 …… $\begin{array}{r} -53 \\ \hline 15 \end{array}$　$\begin{array}{r} +53 \\ \hline 68 \end{array}$
　答え ……

> **てびき** ひき算では答えにひく数をたすと、ひかれる数になります。初めのうちは、これを利用して、答えのたしかめの計算をするように留意しましょう。

⑤ ❶ $\begin{array}{r} 73 \\ -55 \\ \hline 18 \end{array}$ たしかめ $\begin{array}{r} 18 \\ +55 \\ \hline 73 \end{array}$　❷ $\begin{array}{r} 57 \\ -29 \\ \hline 28 \end{array}$ たしかめ $\begin{array}{r} 28 \\ +29 \\ \hline 57 \end{array}$

> 🖐 **たしかめよう！**
> たし算より ひき算のほうが 計算ミスが 多いので かならず 答えの たしかめを するように しよう！

## れんしゅうのワーク

**1** ❶91　　❷59　　❸○　　❹3

てびき　　筆算は、必ず一の位から順に計算します。
くり上がりやくり下がりに注意して計算しましょう。
くり上がりのある計算は、くり上げた1を小さく書いておくと、間違いを防ぐことができます。
答えが間違っている問題の正しい計算は、次のようになります。

❶　　3 4
　　＋5 7
　　　9 1

❷　　2 3
　　＋3 6
　　　5 9

❹　　8 0
　　－7 7
　　　　3

**2** ❶ [しき] 55＋30＝85　　　　答え 85 円
　　❷ [しき] 90－77＝13　　　　答え 13 円
　　❸ [しき] 83－65＝18　　　　答え 18 円
　　❹ [れい] チョコレートと　あめを　買うと、
　　　　　　何円に　なりますか。

てびき　　式をつくるのが難しい場合は、言葉の式で考えてから、数値をあてはめるように声をかけてあげましょう。
❶（持っていたおこづかい）＋（もらったお金）
　＝（持っているお金）
❷（持っていたお金）
　－（シュークリームの代金）＝（残りのお金）
❸ アイスクリームとチョコレートの値段を比べて、高い方から安い方の値段をひきます。
　（アイスクリームの値段）
　－（チョコレートの値段）＝（値段のちがい）
❹の問題は、いろいろなものが考えられます。
たし算、ひき算の問題を考えることができていたら、正解です。つくった問題は、式をかき、自分で解いてみるようにしましょう。
問題をたくさんつくっていたら、そのことをほめてあげてください。また、自分でつくった問題の答えを考えていたら、そのことをほめてください。
この時期のお子さんは、周りの大人の対応次第で、勉強への意欲が大きく変わります。よいところは、どんどんほめてあげましょう。

## まとめのテスト

**1** ❶ 8＋3＝|1|　　❷ 1＋3＋5＝|9|

てびき　　十の位にくり上げた1
を3の上に書いておきます。

　　　3 8
　　＋5 3
　　　9 1

**2** ❶　　4 6
　　　＋　3
　　　　4 9

❷　　3 4
　　＋5 6
　　　9 0

❸　　4 7
　　－2 6
　　　2 1

❹　　5 0
　　－1 9
　　　3 1

❺　　　4
　　＋4 1
　　　4 5

❻　　5 7
　　＋2 9
　　　8 6

❼　　6 0
　　－2 4
　　　3 6

❽　　3 4
　　－　7
　　　2 7

てびき　　筆算をするときは、位を縦に揃えて書いて、くり上がりやくり下がりの有無にかかわらず、必ず一の位から計算しましょう。
特に、2桁＋1桁や1桁＋2桁、2桁－1桁など、桁数が異なる数の筆算は、初めに位をきちんと揃えて書いておかないと、間違えやすいので、注意しましょう。
❶ 2桁＋1桁で、くり上がりのないたし算です。
❷❻ 一の位から十の位へのくり上がりがあります。❷は、答えの一の位の0を書き忘れないように注意しましょう。
❸ くり下がりのないひき算です。
❹❼ 十の位から一の位へのくり下がりのあるひき算です。どちらもひかれる数の一の位が0なので、計算間違いをしないよう気をつけましょう。
❺ 1桁＋2桁で、くり上がりのないたし算です。
❽ 2桁－1桁で、十の位から一の位へのくり下がりのあるひき算です。

**3** ❶　　6 7
　　　＋1 8
　　　　8 5
たしかめ
　　→　|1 8|
　　　＋6 7
　　　　8 5

❷　　6 4
　　－3 8
　　　2 6
たしかめ
　　→　　2 6
　　　＋|3 8|
　　　　6 4

てびき　　ここでは、答えの確かめ方を確認します。
❶ たし算の答えの確かめ方をしっかり身につけましょう。
❷ ひき算の答えの確かめ方をしっかり身につけましょう。

**4** [しき] 72－44＝28　　　　答え 28 まい

てびき　　式をつくるのが難しい場合は、まず、そうたさんとかいとさんのどちらの方がたくさんカードを持っているか考えるよう声をかけてあげましょう。

## 28・29 ページ きほんのワーク

きほん1 

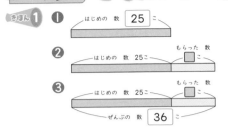

❶ はじめの 数 25 こ

❷ はじめの 数 25こ ／ もらった 数 □こ

❸ はじめの 数 25こ ／ もらった 数 □こ ／ ぜんぶの 数 36こ

しき 36 − 25 = 11

答え 11 こ

てびき 図をかいて問題を考える初めての学習になりますので、つまずかないように指導しましょう。

問題の文章に沿って、順番に図の中にかき込んでいくことが、初めのうちはなかなかうまくできないかもしれません。そこで、ワークにある図と同じものをノートにかく練習をすると、上達が早くなります。決して、無駄な作業ではなく、真似して上達する典型的な例です。

(参考 このような図を「テープ図」とも呼びます。)

きほん1 は、初めの数と全部の数がわかっているタイプの問題で、かくれた数は増えた数です。

「増える」という表現になるいくつかの言葉に慣れておきましょう。例えば、「もらった」、「やってきた」、「買ってきた」などです。

❶ とまって いた 数 27 わ ／ とんで きた 数 □わ ／ ぜんぶの 数 49 わ

しき 49 − 27 = 22

ひっ算
```
  4 9
− 2 7
  2 2
```

答え 22 わ

てびき 初めの数と全部の数がわかっているタイプの問題で、かくれた数は増えた数です。

「とんできた」という言葉が増えたことを表しています。

増えた数は、ひき算で求めることができます。

きほん2 

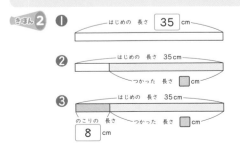

❶ はじめの 長さ 35 cm

❷ はじめの 長さ 35cm ／ つかった 長さ □cm

❸ はじめの 長さ 35cm ／ のこりの 長さ 8 cm ／ つかった 長さ □cm

しき 35 − 8 = 27

答え 27 cm

---

てびき 初めの数と残りの数がわかっているタイプの問題で、かくれた数は減った数です。

「減る」という表現になるいくつかの言葉に慣れておきましょう。例えば、「あげた」、「食べた」、「とんでいった」、「つかった」などです。

❷ 

はじめの 人数 39 人 ／ のこりの 人数 26 人 ／ 帰った 人数 □人

しき 39 − 26 = 13

ひっ算
```
  3 9
− 2 6
  1 3
```

答え 13 人

てびき 初めの数と残りの数がわかっているタイプの問題で、かくれた数は減った数です。

「帰った」という言葉が減ったことを表しています。

減った数は、ひき算で求めることができます。

## 30・31 ページ きほんのワーク

きほん1 

はじめの 数 □頭 ／ 来た 数 40頭 ／ ぜんぶの 数 70頭

しき 70 − 40 = 30

答え 30 頭

てびき 増えた数と全部の数がわかっているタイプの問題で、かくれた数は初めの数です。

「来た」という言葉が増えたことを表していて、増える前の初めの数は、ひき算で求めることができます。

問題文を読むだけでは、立式が難しい場合でも、図をかいてみると、たし算とひき算のどちらを用いればよいのかはっきりします。

問題文をよく読んで、まずは、図に表してみましょう。

❶ 

はじめの 数 □こ ／ もらった 数 8こ ／ ぜんぶの 数 40こ

しき 40 − 8 = 32

ひっ算
```
  4 0
−   8
  3 2
```

答え 32 こ

てびき 増えた数と全部の数がわかっているタイプの問題で、かくれた数は初めの数です。

「もらった」という言葉が増えたことを表していて、増える前の初めの数は、ひき算で求められます。

しき 19＋23＝42    答え 42頭

てびき　減った数と残りの数がわかっているタイプの問題で、かくれた数は初めの数です。
「いなくなった」という言葉が減ったことを表していて、減る前の初めの数は、たし算で求めることができます。
かくれた数が初めの数になるときは、たし算で求める場合と、ひき算で求める場合があるので、混同しないように気をつけましょう。

〈たし算で求める場合〉

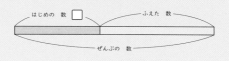

〈ひき算で求める場合〉

❷

しき 16＋8＝24

答え 24こ

ひっ算
```
    1 6
+     8
    2 4
```

てびき　減った数と残りの数がわかっているタイプの問題で、かくれた数は初めの数です。
「あげた」という言葉が減ったことを表していて、減る前の初めの数は、たし算で求めることができます。

❸

しき 15＋12＝27

答え 27こ

ひっ算
```
    1 5
+  1 2
    2 7
```

てびき　減った数と残りの数がわかっているタイプの問題で、かくれた数は初めの数です。
「食べた」という言葉が減ったことを表していて、減る前の初めの数は、たし算で求めることができます。

32ページ
きほんのワーク

きほん1

しき 25－12＝13    答え 13こ

てびき　まず、図にわかっている数をかき入れてから、式をつくりましょう。
きほん1は、図より、初めの数と減った数（あげた数）がわかっているタイプの問題で、かくれた数は残りの数だから、ひき算で求めればよいことがわかります。

❶ 〔れい1〕
もんだい文

なしが 25こ ありました。何こか
あげたら、のこりは 13こに なりました。
何こ あげましたか。

図

しき 25－13＝12    答え 12こ

〔れい2〕
もんだい文

なしが あります。12こ あげたら、
のこりは 13こに なりました。
なしは 何こ ありましたか。

図

しき 13＋12＝25    答え 25こ

てびき　きほん1のほかに、かくれた数が減った数の問題や、かくれた数が初めの数の問題などをつくることができます。
〔れい1〕は、初めの数と残りの数がわかっているタイプの問題で、かくれた数は、減った数（あげた数）なので、ひき算で求めます。
〔れい2〕は、減った数（あげた数）と残りの数がわかっているタイプの問題で、かくれた数は、初めの数なので、たし算で求めます。

## 33ページ まとめのテスト

**1**

| はじめの 数 | 67 | まい |

| のこりの 数 39 まい | つかった 数 ☐ まい |

[しき] 67−39＝28

ひっ算
```
  6 7
− 3 9
  2 8
```

答え 28 まい

**てびき** 初めの数と残りの数がわかっているタイプの問題で、かくれた数は減った数です。
「つかった」という言葉が減ったことを表しています。
減った数は、ひき算で求めることができます。
式をつくるのが難しい場合は、問題をよく読んで、わかっていることと問われていることを整理して、図をかいて考えましょう。

**2**

| はじめの 数 ☐本 |

| のこりの 数 26本 | あげた 数 17本 |

[しき] 26＋17＝43

ひっ算
```
  2 6
＋ 1 7
  4 3
```

答え 43 本

**てびき** 残りの数と減った数がわかっているタイプの問題で、かくれた数は初めの数です。
「あげた」という言葉が減ったことを表しています。
減る前の初めの数は、たし算で求めることができます。

**3**

| はじめの 数 32こ | もらった 数 ☐こ |

| ぜんぶの 数 80こ |

[しき] 80−32＝48

ひっ算
```
  8 0
− 3 2
  4 8
```

答え 48 こ

**てびき** 初めの数と全部の数がわかっているタイプの問題で、かくれた数は増えた数です。
「もらった」という言葉が増えたことを表しています。
増えた数は、ひき算で求めることができます。

---

## ⑥ 100を こえる 数

### 34・35ページ きほんのワーク

**きほん1** ① 100を 3こ あつめた 数を 三百と いいます。
② 三百二十四は、100を 3こ、10を 2こ、1を 4こ あわせた 数です。
数字で 324と かきます。

**てびき** 数字を書く、読む、漢数字を書く、読むという、4つの作業をこなす必要があります。低学年のお子さんにとっては大変な作業です。根気強く頑張りましょう。

**1** 206（本）

**てびき** 100本のたばが2個と1本が6個で、10本のたばがありません。したがって、十の位の数として0を書きます。

**2** ① 118　② 531　③ 709

**3** 673

**てびき** 100が6個で600、10が7個で70、1が3個で3だから、あわせると、600＋70＋3＝673 です。

**きほん2** ① 10が 30こで 300、10が 2こで 20 あわせて 320に なります。
② 200は 10が 20こ、70は 10が 7こ あわせて 27こに なります。

**てびき** 大きな数が苦手という場合には、具体物でイメージするようにしましょう。百円玉が何個、十円玉が何個というように、お金に置きかえると理解が進むことが多いです。

**4** 250

**てびき** 25＝20＋5で、10が20個で200、10が5個で50だから、あわせて250です。

**5** 38こ

**てびき** 380＝300＋80で、300は10が30個、80は10が8個だから、あわせて10が38個です。

**6** 700

**てびき** 10が10個で100だから、10が70個で700になります。

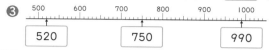
きほん1 ❶ 100 を 10 こ あつめた 数を 千と いいます。数字では 1000 と かきます。

❷ 1000 より 1 小さい 数は 999 です。

❸

| 500 | 600 | 700 | 800 | 900 | 1000 |

520　　750　　990

てびき ❸ 数の直線の1目もりの大きさは、100を10個に分けた1つ分なので、10です。
左の□は、500+10+10=520 です。

❶ ❶ 990 より 10 大きい 数は 1000 です。
❷ 1000 は 10 を 100 こ あつめた 数です。

❷

| 500 | 600 | 700 | 800 | 900 |

480　630　810　1000

てびき 数の直線の1目もりの大きさは、100を10個に分けた1つ分なので、10です。
左の□は、500より20小さい数の480です。

❸ ㋐ 750 800 850 900 950 1000
㋑ 990 992 994 996 998 1000

きほん2 ❶ 357 が 268 より 大きい ことを
357 > 268 と かきます。

❷ 357 が 361 より 小さい ことを
357 < 361 と かきます。

てびき 不等号の意味を理解していないお子さんが多いようです。口が開いている方が大きい、と絵にかいて、その意味を説明してあげましょう。
小 < 大　　大 > 小

❹ ❶ 205 > 189　　❷ 205 < 207

てびき 数の大小を比べる問題では、大きな位の数字から順に比べていきます。
❶は百の位の数字で判断します。
❷は百の位、十の位の数字は同じ大きさなので、一の位の数字で判断します。

❺ ❶ 765 > 657　　❷ 605 < 619

てびき 数の大小を比べる問題では、大きな位の数字から順に比べていきます。
❶は百の位の数字で判断します。
❷は百の位の数字は同じ大きさなので、十の位の数字で判断します。

きほん1 ❶ 8+4= 12
しき 80+40= 120　　　　答え 120 円

❷ 15-7= 8
しき 150-70=80　　　　答え 80 円

てびき 10のまとまりで考えると、8+4や15−7のように考えることができます。実際に十円玉や百円玉などのお金を使って考えるのが、いちばん理解を深めやすいと思われます。

❶ ❶ しき 60+90=150　　答え 150 円
❷ しき 140-50=90　　答え 90 円

てびき ❶ 10のまとまりで考えて、6+9=15より、150になります。
❷ 10のまとまりで考えて、14−5=9より、90になります。

❷ ❶ 140　　　　❷ 20

てびき 10のまとまりで考えます。
❶ 6+8=14より、60+80=140になります。
❷ 11−9=2より、110−90=20になります。

きほん2 ❶ 4+3= 7　400+300= 700
❷ 7-5= 2　700-500= 200
❸ 3+7= 10　300+700= 1000

てびき 100のまとまりで考えます。
❸ 100のまとまりが10こで1000になります。

❸ ❶ しき 400+500=900　　答え 900 円
❷ しき 1000-800=200　　答え 200 円

てびき ❶ 100のまとまりで考えて、4+5=9より、400+500=900になります。
❷ 100のまとまりで考えると、1000は100が10こになるから、10−8=2より、1000−800=200になります。

❹ ❶ 800　　　　❷ 300
❸ 1000　　　　❹ 700

てびき 100のまとまりで考えます。
❶ 7+1=8より、700+100=800になります。
❷ 8−5=3より、800−500=300になります。
❸ 4+6=10より、100のまとまりが10こで1000だから、400+600=1000になります。
❹ 1000は100が10こになるから、10−3=7より、1000−300=700になります。

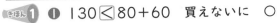

## 40ページ きほんのワーク

**きほん1** ❶ 130 < 80+60 買えないに ○

❷ 130 = 80+50 買えるに ○

❸ 130 > 80+40 買えるに ○

> **てびき** 持っていった金額 < 買う金額
> となると買えません。(お金がたりない)
> 持っていった金額 = 買う金額
> となると買えます。(ちょうどぴったり)
> 持っていった金額 > 買う金額
> となると買えます。(お金があまる)

❶ ❶ 50+60 > 100

❷ 100 < 160−50

❸ 100 = 160−60

❹ 100 > 120−40

> **てびき** まず、たし算やひき算の計算をしてから、100と大きさを比べます。

## 41ページ まとめのテスト

**1** ❶ 916　　❷ 401

**2** ❶ 760　　❷ 40こ

**3**

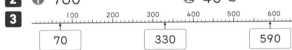

| 70 | 330 | 590 |

> **てびき** 数直線の問題につまずく場合が多く見られます。数直線は、1目もりの大きさを変えることで、いろいろな数の大きさを見やすくできるというメリットがありますが、2年生のお子さんにとって、1目もりの大きさがいろいろに変化することを理解するのは難しく、ついていけない場合があります。1目もりの表す大きさはいろいろあるんだ、というところから理解しましょう。

**4** ㋐ 600、900

　　㋑ 995、996

**5** ❶ 798 < 879　　❷ 510 > 501

**6** ❶ 130　　❷ 1000

　　❸ 500

> **てびき** 10や100のまとまりで考えます。
> ❷ 8+2=10より、100のまとまりが10こで1000だから、800+200=1000になります。

**7** ❶ 30+80 > 100　　❷ 100 > 130−50

## ❼ かさ

## 42・43ページ きほんのワーク

**きほん1** ・リットル　・L　・2つ分で　2L

> **てびき** かさは、1リットルのいくつ分かで表します。Lの単位は、このあと学習するdL(デシリットル)やmL(ミリリットル)のもとになります。

❶ ❶ 3L　　　　❷ 5L

> **てびき** 1Lのいくつ分かを絵から読み取ります。
> ❶ 1Lの3つ分だから、3Lです。
> ❷ 1Lの5つ分だから、5Lです。

❷ 1L

> **てびき** バケツは1Lの6つ分で6L、なべは1Lの5つ分で5L、違いは1Lになります。

**きほん2** ・6つ分　・デシリットル、dL
・1dL、1L=10dL　・1L 6dL

> **てびき** 水とうに入るお茶のかさは、1Lと1Lを10個に分けた6つ分の目もりを表しています。1目もり分は、1dLを表しているので、あわせて1L6dLになります。
> また、1L=10dLと表せるので、1L6dL=16dLと表すこともできます。

❸ ❶ 1L4dL　　　❷ 1L7dL

❹ 1L3dL

> **てびき** 「さんすうはかせ」コーナーでもふれていますが、メートル法の単位表現の意味がわかると理解が進みます。下の表にあるように、10分の1がデシ(d)、100分の1がセンチ(c)、1000分の1がミリ(m)、逆に1000倍はキロ(k)だといったことを、お子さんの興味にあわせて話してあげてもよいでしょう。

| 大きさを表すことば | ミリ m | センチ c | デシ d | | デカ da | ヘクト h | キロ k |
|---|---|---|---|---|---|---|---|
| 意味 | $\frac{1}{1000}$倍 | $\frac{1}{100}$倍 | $\frac{1}{10}$倍 | 1 | 10倍 | 100倍 | 1000倍 |
| かさの単位 | mL | (cL) | dL | L | (daL) | (hL) | kL |

👉 **たしかめよう!**

1Lますや 1dLますを つかって、まわりの いろいろな いれものに はいる 水の かさを はかって みよう!

きほん1 ・ ③ つ分　・ ミリリットル 、 mL
　　　　 ・ 10 mL
　　　　 ・ 1dL= 100 mL、 1L= 1000 mL
　　　　 ・ 230 mL

 てびき　絵から、ますに入っている水のかさは、1dL が 2 つ分と 1dL を 10 個に分けた 3 つ分の目もりを表しています。
1 目もり分は、10mL を表しているので、あわせて 2dL 30mL になります。
1dL=100mL なので、2dL 30mL=230mL と表すこともできます。
単位の関係はしっかりおさえておきましょう。

① ❶ 60mL　　❷ 140mL　　❸ 220mL

てびき　はしたの目もりは次のようになります。
❶ 6 目もり分
❷ 4 目もり分
❸ 2 目もり分

きほん2 ❶ 1L が ④ つと　1dL が ③ つで
④ L ③ dL です。
❷ ちがいは　② L ① dL です。
② ❶ 3L 5dL
❷ 1L 1dL

てびき　同じ単位どうしを計算します。
❶ 2L+1L=3L、3dL+2dL=5dL
だから、2L 3dL+1L 2dL=3L 5dL
❷ 2L−1L=1L、3dL−2dL=1dL
だから、2L 3dL−1L 2dL=1L 1dL

③ ❶ 5L 9dL
❷ 6L
❸ 2L 4dL
❹ 1L

てびき　たし算やひき算の筆算のしかたと同じような方法で計算することもできます。
例えば、❷で、2L 8dL+3L 2dL を

```
    2L | 8dL
 +  3L | 2dL
 ──────────
    6L | 0dL
```

と計算して答えを求めることもできます。
（0dL は答えとしては省略されますので、注意してあげてください。）

❶ ❶ 5dL　　❷ 2L 5dL　　❸ 3L 8dL
❹ 1L 8dL　　❺ 2L　　❻ 1L 2dL

てびき　❶ 1dL が 5 つ分なので、5dL になります。
❷ 1L が 2 つ分と 1dL が 5 つ分なので、2L 5dL になります。
❸ みおさんは 1L 3dL なので、ひなたさんとあわせると、2L 5dL+1L 3dL=3L 8dL になります。
❹ さくらさんとみおさんをあわせると、5dL+1L 3dL=1L 8dL になります。
❺ さくらさんとひなたさんとの違いは、2L 5dL−5dL=2L になります。
❻ ひなたさんとみおさんとの違いは、2L 5dL−1L 3dL=1L 2dL になります。

１ ❶ 3L　　　　　　　❷ 280mL

てびき　❶ 1L が 3 つ分なので、3L になります。
❷ 100mL が 2 つ分と、はしたは 100mL を 10 個に分けた 8 つ分の目もりを表しています。
これは 80mL になるので、
200mL+80mL=280mL になります。

２ ❶ 2 L　　　　　　　❷ 180 mL
❸ 7 dL　　　　　　　❹ 8 L

てびき　L、dL、mL のどれかが入ります。
❶ 洗面器に入る水なので、2L があてはまります。2dL、2mL では、少なすぎます。
❷ 茶碗に入る水なので、180L、180dL ではあまりに多すぎます。
❸ 水筒に入る水なので、7L では多すぎ、7mL では少なすぎます。
❹ バケツに入る水なので、8L があてはまります。8dL、8mL では、少なすぎます。

３ ❶ 6L 5dL+2L 3dL=8L 8dL
❷ 8L 4dL+6dL=9L
❸ 9L 7dL−5L 2dL=4L 5dL
❹ 3L 8dL−8dL=3L

４ ❶ しき 2L 6dL+1L 4dL=4L　　答え 4L
❷ しき 2L 6dL−1L 4dL=1L 2dL
　　　　　　　　　　　　　　　答え 1L 2dL

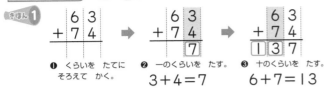

48・49 ページ きほんのワーク

きほん1

$$63 + 74$$ → $$\frac{63}{+74}$$ → $$\frac{63}{+74} = 137$$

❶ くらいを たてに そろえて かく。
❷ 一のくらいを たす。 $3+4=7$
❸ 十のくらいを たす。 $6+7=13$

**てびき** くり上がりが１回あるたし算の筆算を学習します。百の位にくり上がった１を書き忘れないように注意しましょう。

❶ ❶ $$\frac{83}{+91}=174$$ ❷ $$\frac{76}{+50}=126$$ ❸ $$\frac{41}{+67}=108$$ ❹ $$\frac{20}{+84}=104$$

**てびき** ❸、❹ 初めのうちは、十の位の数の０を書き忘れることが多いです。また、百の位の１を十の位に書いてしまうケースも見受けられます。注意しましょう。

❷ しき $93+65=158$

答え 158 まい

ひっ算 $$\frac{93}{+65}=158$$

きほん2

$$87 + 65$$ → $$\frac{87}{+65}=2$$ → $$\frac{87}{+65}=152$$

❶ くらいを たてに そろえて かく。
❷ 一のくらいを たす。 $7+5=12$
❸ 十のくらいを たす。 $1+8+6=15$

**てびき** くり上がりが２回あるたし算の筆算を学習します。くり上げた数を筆算の上に小さくメモ書きしておくことが、計算ミスをなくすためのポイントです。初めのうちは忘れがちになるので注意しましょう。

❸ ❶ $$\frac{48}{+84}=132$$ ❷ $$\frac{56}{+65}=121$$ ❸ $$\frac{67}{+89}=156$$ ❹ $$\frac{74}{+97}=171$$

❺ $$\frac{72}{+78}=150$$ ❻ $$\frac{99}{+21}=120$$ ❼ $$\frac{34}{+76}=110$$ ❽ $$\frac{85}{+25}=110$$

❹ しき $75+45=120$

答え 120 こ

きほん1

$$96 + 7$$ → $$\frac{96}{+7}=3$$ → $$\frac{96}{+7}=103$$

❶ くらいを たてに そろえて かく。
❷ 一のくらいを たす。 $6+7=13$
❸ 十のくらいを たす。 $1+9=10$

❶ ❶ $$\frac{28}{+76}=104$$ ❷ $$\frac{65}{+37}=102$$ ❸ $$\frac{8}{+93}=101$$ ❹ $$\frac{91}{+9}=100$$

**てびき** ❹ 十の位と一の位の数の０をどう書けばよいのかを迷うお子さんが多いです。また、百の位の１を十の位や一の位に書いてしまうケースも見受けられます。注意しましょう。

❷ しき $57+44=101$

答え 101 cm

ひっ算 $$\frac{57}{+44}=101$$

きほん2

$$\begin{matrix}45\\37\\+64\end{matrix}$$ → $$\frac{\begin{matrix}45\\37\\+64\end{matrix}}{6}$$ → $$\frac{\begin{matrix}45\\37\\+64\end{matrix}}{146}$$

❶ くらいを たてに そろえて かく。
❷ 一のくらいを たす。 $5+7+4=16$
❸ 十のくらいを たす。 $1+4+3+6=14$

**てびき** ３つの数のたし算の筆算です。たす数が１つ増えただけで、計算の考え方は同じです。ただし、くり上がる数が２のときがあるので注意しましょう。

❸ ❶ $$\begin{matrix}35\\40\\+21\end{matrix}=96$$ ❷ $$\begin{matrix}52\\36\\+87\end{matrix}=175$$ ❸ $$\begin{matrix}45\\27\\+73\end{matrix}=145$$ ❹ $$\begin{matrix}81\\48\\+67\end{matrix}=196$$

❺ $$\begin{matrix}39\\64\\+47\end{matrix}=150$$ ❻ $$\begin{matrix}25\\86\\+19\end{matrix}=130$$ ❼ $$\begin{matrix}58\\14\\+89\end{matrix}=161$$ ❽ $$\begin{matrix}69\\97\\+28\end{matrix}=194$$

**てびき** ❺〜❽ 一の位から十の位にくり上がる数が２になります。このように、１けたの数が３つあるたし算は、答えの十の位が２になるときもあるので注意しましょう。

❹ しき $65+88+17=170$

答え 170 わ

ひっ算 $$\begin{matrix}65\\88\\+17\end{matrix}=170$$

**きほん1**

$$\begin{array}{r} 1\ 2\ 4 \\ -\ \ 5\ 3 \\ \hline \end{array}$$ ➡ $$\begin{array}{r} 1\ 2\ \boxed{4} \\ -\ \ 5\ \boxed{3} \\ \hline \boxed{1} \end{array}$$ ➡ $$\begin{array}{r} 1\ \boxed{2}\ 4 \\ -\ \ \boxed{5}\ 3 \\ \hline \boxed{7}\ 1 \end{array}$$

❶ くらいを たてに そろえて かく。

❷ 一のくらいを ひく。
$4-3=1$

❸ 十のくらいを ひく。
2から5は ひけないので 百のくらいから 1くり下げる。
$12-5=7$

**てびき** くり下がりが 1回あるひき算の筆算を学習します。ここでは、一の位へのくり下がりはありません。

❶
❶ $\begin{array}{r} 1\ 6\ 4 \\ -\ \ 7\ 2 \\ \hline 9\ 2 \end{array}$　❷ $\begin{array}{r} 1\ 2\ 8 \\ -\ \ 4\ 3 \\ \hline 8\ 5 \end{array}$　❸ $\begin{array}{r} 1\ 8\ 7 \\ -\ \ 9\ 7 \\ \hline 9\ 0 \end{array}$　❹ $\begin{array}{r} 1\ 0\ 5 \\ -\ \ 6\ 1 \\ \hline 4\ 4 \end{array}$

❷ しき $138-45=93$

答え 93こ

ひっ算
$\begin{array}{r} 1\ 3\ 8 \\ -\ \ 4\ 5 \\ \hline 9\ 3 \end{array}$

くり下げた あとの 数字を かくと いいよ。

**きほん2**

$$\begin{array}{r} 1\ 5\ 3 \\ -\ \ 7\ 8 \\ \hline \end{array}$$ ➡ $$\begin{array}{r} 1\ 5\ \boxed{3} \\ -\ \ 7\ \boxed{8} \\ \hline \boxed{5} \end{array}$$ ➡ $$\begin{array}{r} 1\ \boxed{5}\ 3 \\ -\ \ \boxed{7}\ 8 \\ \hline \boxed{7}\ 5 \end{array}$$

❶ くらいを たてに そろえて かく。

❷ 3から 8は ひけないので 十のくらいから 1くり下げる。
$13-8=5$

❸ 百のくらいから 1くり下げる。
$14-7=7$

**てびき** くり下がりが 2回あるひき算の筆算を学習します。
十の位のくり下げた数を＼で消して、くり下げて 1つ減った数を筆算の上にメモ書きしておくことが、計算ミスをなくすためのポイントです。たし算とひき算で、メモの書き方が異なるので、慣れないうちは間違えやすいところです。

❸
❶ $\begin{array}{r} 1\ 4\ 3 \\ -\ \ 7\ 5 \\ \hline 6\ 8 \end{array}$　❷ $\begin{array}{r} 1\ 3\ 1 \\ -\ \ 6\ 8 \\ \hline 6\ 3 \end{array}$　❸ $\begin{array}{r} 1\ 2\ 4 \\ -\ \ 8\ 6 \\ \hline 3\ 8 \end{array}$　❹ $\begin{array}{r} 1\ 7\ 6 \\ -\ \ 9\ 7 \\ \hline 7\ 9 \end{array}$

❺ $\begin{array}{r} 1\ 6\ 2 \\ -\ \ 6\ 7 \\ \hline 9\ 5 \end{array}$　❻ $\begin{array}{r} 1\ 5\ 3 \\ -\ \ 5\ 8 \\ \hline 9\ 5 \end{array}$　❼ $\begin{array}{r} 1\ 4\ 5 \\ -\ \ 4\ 9 \\ \hline 9\ 6 \end{array}$　❽ $\begin{array}{r} 1\ 1\ 1 \\ -\ \ 1\ 2 \\ \hline 9\ 9 \end{array}$

**てびき** ❽ 111の一の位の1から 2はひけないので十の位から 1くり下げます。その1を＼で消してその上に 0を書きます。

$\begin{array}{r} 1\ \overset{0}{\cancel{1}}\ 1 \\ -\ \ 1\ 2 \\ \hline 9\ 9 \end{array}$

❹ しき $168-79=89$

答え 89こ

ひっ算
$\begin{array}{r} 1\ 6\ 8 \\ -\ \ 7\ 9 \\ \hline 8\ 9 \end{array}$

---

**きほん1**

$$\begin{array}{r} 1\ 0\ 2 \\ -\ \ 7\ 6 \\ \hline \end{array}$$ ➡ $$\begin{array}{r} \cancel{1}\ \overset{9}{0}\ \boxed{2} \\ -\ \ 7\ \boxed{6} \\ \hline \boxed{6} \end{array}$$ ➡ $$\begin{array}{r} \cancel{1}\ \overset{9}{\boxed{0}}\ 2 \\ -\ \ \boxed{7}\ 6 \\ \hline \boxed{2}\ 6 \end{array}$$

❶ くらいを たてに そろえて かく。

❷ 百のくらいから 1くり下げて 十のくらいを 10に する。十のくらいから 1くり下げる。
$12-6=6$

❸ 十のくらいは 9に なったから、
$9-7=2$

**てびき** 十の位の数が0で、くり下がりがある場合、十の位の数がないので、百の位から 1つかりてきて、十の位の数を 10とみて計算します。初めのうちは、戸惑うお子さんも多いところですから、注意深く見てあげましょう。筆算の場合、百の位の数である1も＼で消し、答えの百の位が1にならないことに注意しましょう。

❶
❶ $\begin{array}{r} 1\ 0\ 6 \\ -\ \ 4\ 9 \\ \hline 5\ 7 \end{array}$　❷ $\begin{array}{r} 1\ 0\ 5 \\ -\ \ \ \ 7 \\ \hline 9\ 8 \end{array}$　❸ $\begin{array}{r} 1\ 0\ 0 \\ -\ \ 9\ 4 \\ \hline 6 \end{array}$　❹ $\begin{array}{r} 1\ 0\ 0 \\ -\ \ \ \ 8 \\ \hline 9\ 2 \end{array}$

❷ しき $100-59=41$

答え 41ぴき

ひっ算
$\begin{array}{r} 1\ 0\ 0 \\ -\ \ 5\ 9 \\ \hline 4\ 1 \end{array}$

**きほん2**

❶
$$\begin{array}{r} 1\ 4\ 5 \\ +\ \ 2\ 8 \\ \hline \end{array}$$ ➡ $$\begin{array}{r} 1\ 4\ \boxed{5} \\ +\ \ 2\ \boxed{8} \\ \hline \boxed{3} \end{array}$$ ➡ $$\begin{array}{r} 1\ \overset{1}{4}\ 5 \\ +\ \ 2\ 8 \\ \hline \boxed{7}\ 3 \end{array}$$ ➡ $$\begin{array}{r} \boxed{1}\ \overset{1}{4}\ 5 \\ +\ \ \boxed{2}\ 8 \\ \hline \boxed{1}\ 7\ 3 \end{array}$$

2けたの ときと 同じように 計算できるよ。

❷
$$\begin{array}{r} 2\ 7\ 4 \\ -\ \ 5\ 6 \\ \hline \end{array}$$ ➡ $$\begin{array}{r} 2\ \overset{6}{7}\ \boxed{4} \\ -\ \ 5\ \boxed{6} \\ \hline \boxed{8} \end{array}$$ ➡ $$\begin{array}{r} 2\ \overset{6}{7}\ 4 \\ -\ \ 5\ 6 \\ \hline \boxed{1}\ 8 \end{array}$$ ➡ $$\begin{array}{r} \boxed{2}\ \overset{6}{7}\ 4 \\ -\ \ \boxed{5}\ 6 \\ \hline \boxed{2}\ 1\ 8 \end{array}$$

2けたの ときと 同じように 計算できるよ。

**てびき** 3けたの数の筆算(たし算とひき算)の学習です。百の位へのくり上がりや、百の位からのくり下がりがありませんので、今まで習った 2けたの筆算と計算過程は全く同じです。ただし、百の位の数字を答えに書き忘れるお子さんが多くいますので、チェックしてあげてください。

❸
❶ $\begin{array}{r} 6\ 7\ 9 \\ +\ \ 1\ 5 \\ \hline 6\ 9\ 4 \end{array}$　❷ $\begin{array}{r} 2\ 3\ 6 \\ +\ \ 5\ 4 \\ \hline 2\ 9\ 0 \end{array}$　❸ $\begin{array}{r} 9\ 0\ 8 \\ +\ \ \ \ 7 \\ \hline 9\ 1\ 5 \end{array}$

❹ $\begin{array}{r} 3\ 8\ 7 \\ -\ \ 2\ 9 \\ \hline 3\ 5\ 8 \end{array}$　❺ $\begin{array}{r} 4\ 6\ 5 \\ -\ \ 5\ 7 \\ \hline 4\ 0\ 8 \end{array}$　❻ $\begin{array}{r} 5\ 0\ 4 \\ -\ \ \ \ 2 \\ \hline 5\ 0\ 2 \end{array}$

❹ しき $254-36=218$

答え 218本

ひっ算
$\begin{array}{r} 2\ 5\ 4 \\ -\ \ 3\ 6 \\ \hline 2\ 1\ 8 \end{array}$

## 56ページ れんしゅうのワーク

**❶**
(あ)
```
  9 7
+   5
─────
1 0 2
```
(い)
```
1 5 2
─  8 8
─────
  6 4
```
(う)
```
  3 4
+ 6 7
─────
1 0 1
```
(え)
```
2 7 4
─  4 7
─────
2 2 7
```

(お)
```
  6 5
+ 9 8
─────
1 6 3
```
(か)
```
1 3 6
─  7 1
─────
  6 5
```
(き)
```
  6 2
  1 5
+ 2 4
─────
1 0 1
```
(く)
```
1 0 2
─  3 9
─────
  6 3
```

❶ (う)と(き)　　❷ (え)　　❸ (い)　　❹ (い)、(か)、(く)

❺ (お)と(く)

**てびき** この問題では、8問の計算を全て間違いなく行う力が要求されます。次に、それらの結果から比較を行い、答えを出すという流れになります。まず、答えを小さい順に並べると、次のようになります。

63<64<65<101=101<102<163<227

❶ 答えが同じになるのは、101の1組しかありません。

❷ いちばん大きいのは、227

❸ 2番目に小さいのは、64

❹ 2けたになるのは、63と64と65

❺ 違いが100になるのは、163と63

## 57ページ まとめのテスト

**❶**
```
  1 4 7
─    5 2
───────
    9 5
```
① 一のくらいの　計算　　7−2=5
② 十のくらいの　計算
　百のくらいから 1 くり下げて 14−5= 9
③ 147−52= 95

**❷**
① 
```
  5 2
+ 8 4
─────
1 3 6
```
② 
```
  6 9
+ 7 3
─────
1 4 2
```
③ 
```
1 2 8
─  7 4
─────
  5 4
```
④ 
```
1 4 5
─  6 7
─────
  7 8
```

⑤ 
```
  7 7
  4 6
+ 6 8
─────
1 9 1
```
⑥ 
```
6 3 2
+  4 9
─────
6 8 1
```
⑦ 
```
1 0 1
─  2 5
─────
  7 6
```
⑧ 
```
9 6 7
─  3 9
─────
9 2 8
```

**❸**
① 
```
  5 7
+ 9 0
─────
1 4 7
```
② 
```
  8 6
+ 6 5
─────
1 4 1
```
③ 
```
1 6 4
─  3 2
─────
  3 2
```
④ 
```
1 0 2
─  5 8
─────
  5 4
```

( ○ )　　( 151 )　　( 132 )　　( 44 )

**てびき** 正しい計算を示します。

② 
```
  8 6
+ 6 5
─────
1 5 1
```
③ 
```
1 6 4
─  3 2
─────
1 3 2
```
④ 
```
1 0 2
─  5 8
─────
  4 4
```

**❹** しき 143−79=64　　答え 64 まい

---

見方・考え方を ふかめよう(2) こんにちは さようなら

## 58ページ きほんのワーク

きほん1 ❶ 10 まい

❷ しき 17+10=27　　答え 27 まい

きほん2 ❶ 5 わ

❷ しき 24+5=29　　答え 29 わ

**てびき** 順番に計算しても答えは同じです。

きほん1 17+4=21、21+6=27

きほん2 24+8=32、32−3=29

ここでは、まとめて考えることを学習します。

❶ しき 6+4=10
　　28−10=18　　答え 18 人

**てびき** ここでの考え方は、帰った人数を先にまとめて計算して、初めにいた人数からひくという流れになります。

## 59ページ まとめのテスト

**❶** しき 8+2=10
　　13+10=23　　答え 23 本

**てびき** 順番に計算しても答えは同じです。
13+8=21、21+2=23 となるから、
13+8+2=23 となります。

**❷** しき 7−5=2
　　26+2=28　　答え 28 こ

**てびき** 順番に計算しても答えは同じです。
26+7=33、33−5=28 となるから、
26+7−5=28 となります。

**❸** しき 7+3=10
　　33−10=23　　答え 23 こ

**てびき** ここでの考え方は、あげた数を先にまとめて計算して、初めに持っていた個数からひくという流れになります。

**❹** しき 9−4=5
　　40+5=45　　答え 45 こ

**てびき** 順番に計算しても答えは同じです。
40−4=36、36+9=45 となるから、
40−4+9=45 となります。

## 60・61 ページ きほんのワーク

きほん1 〔たつやさんの 考え方〕
16+7=[23]
[23]+3=[26]
しき [16]+[7]+[3]=[26]　　　答え [26]人
〔まさみさんの 考え方〕
7+3=[10]
16+[10]=[26]
しき [16]+([7]+[3])=[26]　　　答え [26]人

てびき （　）を使った計算は、必ず使うとよいわけではなく、その方が、計算が簡単になるときに利用します。

❶ [じゅんに たす]
① 27+8=[35]　　② [35]+2=[37]
[まとめて たす]
① 8+2=[10]　　② 27+[10]=[37]
・27+8+2=[27]+(8+[2])
・じゅんに たしても、まとめて たしても、
答えは [同じ]です。

❷ ❶ しき 93+65+35=193　　答え 193円
❷ しき 93+(65+35)=193　　答え 193円

てびき ❶ 93+65+35 →
93+65=158　158+35=193　と計算します。
❷は、（　）の中を計算すると 100 のまとまりができるので、この計算の場合は、（　）を使う方が簡単になるといえます。

❸ ❶ ㋐ 18+6+4 →　　㋑　18+(6+4)→
18+6=24　　　　18+10=28
24+4=28
❷ ㋐ 25+2+3 →　　㋑　25+(2+3)→
25+2=27　　　　25+5=30
27+3=30
❸ ㋐ 64+17+3 →　　㋑　64+(17+3)→
64+17=81　　　　64+20=84
81+3=84

てびき ㋐はじゅんにたす計算のしかた、㋑はまとめてたす計算のしかたです。（　）の中を計算すると、5、10、20 など、計算しやすい数のまとまりができるときは、㋑の方が計算が簡単になることが多いです。

## 62 ページ れんしゅうのワーク

❶ ㋐ じゅんに たす
15+4=[19]
[19]+6=[25]　　　　　　　答え [25]そう
㋑ ふえた 数を まとめて たす
4+6=[10]
15+[10]=[25]　　　　　　　答え [25]そう

❷ ㋐ しき 80+60+40=180　　答え 180円
㋑ しき 80+(60+40)=180
答え 180円

てびき まとめてたすときは、㋑のように（　）を使うと、1 つの式に書くことができます。（　）の中を計算すると、100 のまとまりができるので、計算が簡単になります。

## 63 ページ まとめのテスト

1 ㋐ ゆいなさん　　　　㋑ はるきさん
18+7=[25]　　　　　7+3=[10]
[25]+3=[28]　　　　18+[10]=[28]
答え [28]こ　　　　　　答え [28]こ
同じに ○

2 ㋐ しき 38+36+34=108　　答え 108 台
㋑ しき 38+(36+34)=108　　答え 108 台
同じに ○

てびき ㋐と㋑の式は逆でも正解です。
㋐ 38+36+34
→ 38+36=74　　　74+34=108
㋑ 36+34=70　　　38+70=108
（　）を使うか使わないかで、2 通りの式の書き方があり、この場合は（　）を使う方の計算が簡単にできます。

3 ❶ ㋐ 19+8+2 →　　㋑ 19+(8+2)→
19+8=27　　　　19+10=29
27+2=29
❷ ㋐ 45+1+4 →　　㋑ 45+(1+4)→
45+1=46　　　　45+5=50
46+4=50
❸ ㋐ 57+24+6 →　　㋑ 57+(24+6)→
57+24=81　　　　57+30=87
81+6=87

きほん1 ❶ ⑤こずつ、④さら分
　　　❷ ⑤×④＝⑳
　　　❸ 5＋5＋⑤＋⑤＝20

❶ ❶ ③×5＝⑮　　　❷ ④×3＝⑫

てびき　式が、（１つ分の数）×（いくつ分）になっ
ているか確認しましょう。逆になると、式の意
味が変わってしまうことを理解しましょう。
それぞれ次のように計算します。
　❶ 3×5 → 3＋3＋3＋3＋3＝15
　❷ 4×3 → 4＋4＋4＝12

❷ しき ②×⑥＝⑫　　　　　　　答え 12こ

てびき　式が、（１つ分の数）×（いくつ分）になっ
ているか確認しましょう。
次のように計算します。
　2×6 → 2＋2＋2＋2＋2＋2＝12

❸ ❶ 2×3＝⑥　　　❷ 6×3＝⑱
　　　❸ 8×2＝⑯

てびき　それぞれ、次のように計算します。
　❶ 2×3 → 2＋2＋2＝6
　❷ 6×3 → 6＋6＋6＝18
　❸ 8×2 → 8＋8＝16

きほん2 ❶ ②ばい　5×2＝⑩
　　　　２つ分の　長さは…⑩cm
　　　❷ ①ばい　5×①

てびき　日常では、「倍にする」と言うと、２倍に
することを意味していますが、算数では、「２倍
にする」と正確にいわなくてはいけません。この
段階では、「いくつ分」の代わりとして「○倍」と
いういい方がわかっていればよいでしょう。

❹ しき 3×4＝12　　　　　　　答え 12cm

てびき　3cmの４倍なので、3の4つ分だから、
次のように計算します。
　3×4 → 3＋3＋3＋3＝12

❺ ❶ 6(こ)　❷ 10(こ)　❸ 12(こ)　❹ 20(こ)

てびき　❶は２個の３倍で、2＋2＋2＝6
　❷は5個の2倍で、5＋5＝10
　❸ 6＋6＝12　❹ 4＋4＋4＋4＋4＝20

---

きほん1 ⑤×④＝⑳
　5のだんの　九九では、答えが　じゅんに　⑤ずつ
ふえて　いきます。

てびき　5×1＝5、5×2＝10、5×3＝15、
…より、10－5＝5、15－10＝5だから、5
の段では、答えが5ずつ増えます。

❶ ❶ 5×4＝20　❷ 5×5＝25　❸ 5×1＝5
　❹ 5×9＝45　❺ 5×2＝10　❻ 5×7＝35
　❼ 5×3＝15　❽ 5×8＝40　❾ 5×6＝30

てびき　5の段の九九の特徴は下１けたの数が、
5、0、5、0、…と続くことです。最初に覚え
る九九に5の段が使われるのも、このことが関
係しています。九九は、くり返し声に出して練
習するようにしましょう。

❷ しき 5×6＝30　　　　　　　答え 30こ
❸ しき 5×8＝40　　　　　　　答え 40こ

きほん2 ②×⑤＝⑩
　2のだんの　九九では、答えが　じゅんに　②ずつ
ふえて　いきます。

てびき　2×1＝2、2×2＝4、2×3＝6、…
より、4－2＝2、6－4＝2だから、2の段で
は、答えが2ずつ増えます。

❹ ❶ 2×4＝8　❷ 2×3＝6　❸ 2×9＝18
　❹ 2×8＝16　❺ 2×1＝2　❻ 2×5＝10
　❼ 2×2＝4　❽ 2×7＝14　❾ 2×6＝12

てびき　2の段の九九の特徴は下１けたの数が、
2、4、6、8、0、…と続くことです。5の段
の次に覚える九九に2の段が使われるのも、こ
れと、十進法の基数10が、10＝2×5とな
ることが関係しています。また、九九を唱える
とき、答えが１けたのときに「が」を入れるのは、
入れないと数字の意味がはっきりしないから
で、例えば、ニーニ(にいちに)だと、2が1と
2なのか、2と1が2なのか、2と1と2な
のか、区別がつきにくいからかもしれません。

❺ しき 2×7＝14　　　　　　　答え 14cm

てびき　2cmの7倍なので、2の7つ分だから、
2×7＝14となります。

❻ しき 2×6＝12　　　　　　　答え 12こ
❼ しき 2×8＝16　　　　　　　答え 16まい

きほん1 ③×⑤=⑮

3のだんの 九九では、答えが じゅんに ③ずつ ふえて いきます。

**てびき** 3×1=3、3×2=6、3×3=9、… より、6−3=3、9−6=3だから、3の段では、答えが3ずつ増えます。

① ❶ 3×8=24 ❷ 3×1=3 ❸ 3×6=18
❹ 3×2=6 ❺ 3×4=12 ❻ 3×9=27
❼ 3×7=21 ❽ 3×3=9 ❾ 3×5=15

**てびき** 3の段の九九の特徴は、例えば、
3×4=12の答えの2つの数字をたすと1+2=3
3×5=15の答えの2つの数字をたすと1+5=6
3×6=18の答えの2つの数字をたすと1+8=9
となり、答えが3、6、9、…と続きます。
どうしてそうなるかは、中学生になると勉強するよと、教えてあげてください。算数って面白いな、と思ってもらえると、勉強にも興味が湧いてくるのではないでしょうか?

② ❶ しき 3×6=18 答え 18本
❷ しき 3×7=21(18+3=21) 答え 21本

**てびき** ❷ 3の段では、答えが順に3ずつ増えるので、❶の答えを使って18+3=21と求めることもできます。

きほん2 ④×③=⑫

4のだんの 九九では、答えが じゅんに ④ずつ ふえて いきます。

**てびき** 4×1=4、4×2=8、4×3=12、… より、8−4=4、12−8=4だから、4の段では、答えが4ずつ増えます。

③ ❶ 4×3=12 ❷ 4×5=20 ❸ 4×8=32
❹ 4×6=24 ❺ 4×2=8 ❻ 4×9=36
❼ 4×4=16 ❽ 4×7=28 ❾ 4×1=4

**てびき** 4の段の九九の特徴は下1けたの数が、4、8、2、6、0、…と続くことです。あまりはっきりとした特徴はありませんので、覚える方が早いでしょう。4の段の九九あたりから、うろ覚えになってくることが多いので、しっかりと反復練習をしましょう。

④ しき 4×8=32 答え 32こ
⑤ しき 4×9=36 答え 36mm

きほん1 1つ分の 数は ③で、その ④つ分だから、しきは 3×4に なります。
しき 3×4=⑫ 答え ⑫こ

**てびき** 1つ分の数が「かけられる数」で、いくつ分の数が「かける数」になります。

① しき 4×5=20 答え 20cm

**てびき** (1つ分の数)×(いくつ分)の順になるように文章を書きかえると、次のようになります。
1本の長さが4cmで、その5本分の長さ
　　　4　　×　　5　　=　20

② しき 3×6=18 答え 18円

**てびき** (1つ分の数)×(いくつ分)の順になるように文章を書きかえると、次のようになります。
1枚の金額が3円で、その6枚分の金額
　　　3　　×　　6　　=　18

③ しき 5×7=35 答え 35人

**てびき** (1つ分の数)×(いくつ分)の順になるように文章を書きかえると、次のようになります。
1台に乗れるのが5人で、その7台分の人数
　　　5　　×　　7　　=　35

1 しき 4×5=20 ⑦

**てびき** ⑦は4この4つ分だから、式に表すと4×4になり、④は5この4つ分だから、5×4になります。式の意味の違いをきちんと読み取っているかどうかを確かめておきましょう。

2 ❶ 4×6=24 ❷ 3×8=24 ❸ 2×9=18
❹ 5×2=10 ❺ 2×4=8 ❻ 4×7=28
❼ 4×4=16 ❽ 5×9=45 ❾ 3×5=15

3 ❶ しき 3×4=12 答え 12こ
❷ 3こ(ふえる。)

4 しき 5×7=35 答え 35人

**てびき** (1つ分の数)×(いくつ分)の順になるように文章を書きかえると、次のようになります。
1つの長椅子に5人座り、その7つ分の人数
　　　5　　×　　7　　=　35

**72・73ページ きほんのワーク**

きほん① ⑥ふえる、6×4=[24]
6×1=[6]、6×2=[12]、6×3=[18]
6×4=[24]、6×5=[30]、6×6=[36]
6×7=[42]、6×8=[48]、6×9=[54]

**てびき** 6の段の九九では、「6×7＝48」や
「6×8＝42」のような間違いが多いようです。
似ているので曖昧になってしまいがちですが、
はっきり声に出して正確にいえるようにしま
しょう。
6の段では、かける数が1増えると、答えは6
増えます。6×3＝18で、18＋6＝24なので、
6×4の答えは、24になります。

① しき 6×3=18　　　　　　答え 18こ
② しき 6×7=42　　　　　　答え 42本

**てびき** この問題文は、「1人に6本ずつ、子ど
も7人にくばると…」と書きかえられるので、
式は6×7＝42となります。式を7×6＝42
とすると、式の意味が変わってしまうことを理
解しましょう。

きほん② ⑦ふえる、7×4=[28]
7×1=[7]、7×2=[14]、7×3=[21]
7×4=[28]、7×5=[35]、7×6=[42]
7×7=[49]、7×8=[56]、7×9=[63]

**てびき** 7の段の九九では、「1 いち」「4 し」
「7 しち」「8 はち」など、7と似たような音の数
が出てくると、覚えにくく間違いも増えます。
はっきり声に出して正確にいえるよう、くり返
し練習しましょう。
7の段では、かける数が1増えると、答えは7
増えます。7×3＝21で、21＋7＝28なので、
7×4の答えは、28になります。

③ しき 7×3=21　　　　　　答え 21日
④ しき 7×8=56　　　　　　答え 56cm
⑤ しき 7×5=35　　　　　　答え 35まい

**てびき** この問題文は、「1人に7枚ずつ、子ど
も5人にくばると…」と書きかえられるので、
式は7×5＝35となります。式を5×7＝35
とすると、式の意味が変わってしまうことを理
解しましょう。

**74・75ページ きほんのワーク**

きほん① 8×1=[8]、8×2=[16]、8×3=[24]
8×4=[32]、8×5=[40]、8×6=[48]
8×7=[56]、8×8=[64]、8×9=[72]
9×1=[9]、9×2=[18]、9×3=[27]
9×4=[36]、9×5=[45]、9×6=[54]
9×7=[63]、9×8=[72]、9×9=[81]

① しき 8×4=32　　　　　　答え 32cm
② しき 8×9=72　　　　　　答え 72人
③ しき 9×7=63　　　　　　答え 63こ

**てびき** ②の問題文は、「1チーム8人の9チー
ム分の人数は…」と書きかえられるので、式は
8×9＝72となります。式を9×8＝72とす
ると、式の意味が変わってしまうことを理解し
ましょう。

きほん② ❶ 2×4=[8]　　　❷ 1×4=[4]
1×1=[1]、1×2=[2]、1×3=[3]
1×4=[4]、1×5=[5]、1×6=[6]
1×7=[7]、1×8=[8]、1×9=[9]

④ ❶ しき 3×5=15　　　　答え 15こ
　 ❷ しき 2×5=10　　　　答え 10こ
　 ❸ しき 1×5=5　　　　　答え 5こ

**てびき** ❶ ポテトは1皿に3個ずつあります。
1皿に3個で、5皿あるので、かけ算の式は、
3×5となります。
❷ ミニトマトは1皿に2個ずつあります。
1皿に2個で、5皿あるので、かけ算の式は、
2×5となります。
❸ エビフライは1皿に1個ずつあります。
1皿に1個で、5皿あるので、かけ算の式は、
1×5となります。

⑤ しき 1×7=7

**てびき** この問題文は、「1人に1冊ずつ、7人
分だと…」と書きかえられるので、式は、
1×7＝7となります。

**☝ たしかめよう!**

九九の　計算は、どの　九九も　まちがえずに
いえるまで　くりかえし　くりかえし
となえる　れんしゅうを　しましょう。
とくに　7のだん、8のだん、9のだんには
ちゅういしましょう。

きほん1 ❶ しき 8×6=48
　　　❷ しき 48+70=118　　　答え 118 円

てびき ❶ 1 個 8 円のあめ 6 個の代金だから、
8×6=48
❷ 合計の代金だから、48+70=118

❶ しき 8×3=24　24+4=28　　　答え 28cm

てびき 高さ 8cm の積み木 3 個の高さは、
8×3=24。それに高さ 4cm の積み木 1 個を
積むので、合計の高さは、24+4=28

❷ しき 6×4=24　24−2=22　　　答え 22 こ

てびき クッキーが 6 個ずつ 4 列入っているか
ら、クッキーの数は 6×4=24
これから 2 個食べたので、残りは 24−2=22

きほん2 しょうへいさんの 考え
4×2=8　　2×6=12
8+12=20　　　　　　　　　　　答え 20 こ
ともみさんの 考え
4×8=32　　2×6=12
32−12=20　　　　　　　　　　答え 20 こ

てびき しょうへいさんの 考え
右の図のように 4×2 と
2×6 の答えをあわせた
ものが答えになります。
ともみさんの 考え
右の図のように 4×8 の
答えから 2×6 の答えを
ひいたものが答えになり
ます。

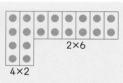
2×6
4×2

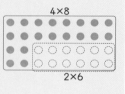
4×8
2×6

❸ あ　　　い　　　う

| 8×3=24 | 4×2=8、8×2=16<br>8+16=24 | 4×4=16、2×4=8<br>16+8=24 |
|---|---|---|

❹ しき ［れい］3×8=24
　　　　　　　　　　　　　　　答え 24 こ

てびき 右のように考えると、●の数
は、6×4 になります。この他にも、
いろいろな考え方があります。お子
さんの自由な発想を大切にしてください。

---

❶ 8×1=8、8×2=16、8×3=24、……
のように、答えが 8 ずつ ふえて いきます。

てびき かける数が 1 ずつ増えるので、答えはか
けられる数だけ大きくなります。
8×○=□　⇒　8×(○+1)=□+8
　　　　　　↑　　　↑　　　↑
かけられる数　かける数　答え
お子さんと一緒に、○にいろいろな数をあては
めたり、8 の段以外でも同じことがいえるか調
べたりして、つねに上の関係が成り立つことを
確認しましょう。

❷ ❶ しき ［れい］5×5=25、25+3=28
　　　　　　　　　　　　　　　答え 28 こ
❷ しき ［れい］5×6=30、30−2=28
　　　　　　　　　　　　　　　答え 28 こ

てびき ❶ 右にある 3 個を除外して、先に、
縦 5 個、横 5 個で 5×5 の計算をして、あと
で除外した 3 個を加えます。
その他、お菓子を上 3 段、下 2 段に分けて、
上段が 3×6=18( 個 )、下段が 2×5=10( 個 )、
あわせて 18+10=28( 個 ) と計算するなど
の求め方も考えられます。
❷ 右の空いている 2 個も含めて、先に 5×6
の計算をして、あとで 2 個を除外します。

❸ ❶ しき 6×5=30、40−30=10
　　　　　　　　　　　　　　　答え 10 人
❷ しき 6×7=42、42−40=2
　　　　　　　　　　　　　　　答え 2 人

てびき 問題文をよく読み、何を問われているの
か、じっくり考えてから計算するようにしま
しょう。
❶ 1 チーム 6 人で 5 チームつくるには、
6×5=30( 人 ) 必要です。
40 人から 30 人をひくと、10 人残ることが
わかります。
❷ 1 チーム 6 人で 7 チームつくるには、
6×7=42( 人 ) 必要です。
42 人から 40 人をひくと、2 人不足すること
がわかります。

❹ しき 2×4=8、5×2=10
　　　8+10=18　　　　　　　　答え 18cm

**23**

| |
|---|
| 1冊2cmの4冊分で、2×4=8 |
| 1冊5cmの2冊分で、5×2=10 |
| この2つをたすと求める高さになります。 |

## 79ページ まとめのテスト

1 ❶ 6×7=42　❷ 8×6=48　❸ 7×8=56
　❹ 1×4=4　❺ 6×9=54　❻ 9×9=81
　❼ 7×3=21　❽ 9×4=36　❾ 8×5=40

てびき　九九は、このあと学習するいろいろな単元の計算で必要となります。2年生のうちに、しっかり身につけておきましょう。

2 ❶ [しき] 6×8=48　　　　　　答え 48本
　❷ 6本

てびき　文章題を解くときは、まず、問われているものが何かを見極めて、言葉の式を考えてから、数値をあてはめて計算するようにしましょう。
❶ 配るのに必要な鉛筆の本数は、
（1人分の本数）×（人数）で求めます。
❷ 6×9=54、54−48=6（本）と計算することもできますが、「6の段では、かける数が1増えると、答えは6大きくなる」というかけ算の性質より、簡単に答えを導くことができます。

3 [しき] 3×8=24、1×8=8
　　　　答え おかし 24こ、ジュース 8本

てびき　おかしとジュースの必要な数は、どちらも（1人分の数）×（人数）で求められることに注目しましょう。
おかしは、1人に3個ずつ8人に配るので、3×8の式で求めることができます。
ジュースは、1人に1本ずつ8人に配るので、1×8の式で求めることができます。

4 [しき] 9×4=36、36+70=106
　　　　　　　　　　　　　　答え 106円

てびき　色紙4枚の代金は、
（色紙1枚の値段）×（枚数）より、9×4=36（円）
鉛筆1本の代金は、70円
（全部の代金）＝（色紙の代金）＋（鉛筆の代金）
だから、36+70の式で求めることができます。

## 12 三角形と 四角形

### 80・81ページ きほんのワーク

きほん1　・3本、三角形　・4本、四角形
　　　　　・直線　⑦…三角形　⑦…四角形

1 [れい]
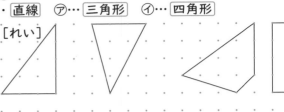

きほん2　・辺、ちょう点
　　　　　・3つ、3つ
　　　　　・4つ、4つ

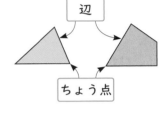

2 三角形…⑦、⑦
　四角形…⑦、⑦

てびき　2の中で、三角形にも四角形にもならない理由を示します。
⑦ 直線がつながっていないところがある。（直線で囲まれていない。）
⑦、⑦、⑦ 線が曲がっている。（直線で囲まれていない。）
⑦ 6本の直線で囲まれている。（六角形）
[参考]　下の図のような四角形は、凹四角形（おう）と呼ばれ、これに対して、普通の四角形を凸四角形（とつ）と呼びます。

3 ⑦　2つの 四角形　　⑦ 三角形と 四角形
　　[れい]　　　　　　　　　[れい]
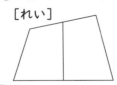　　

てびき　多角形は、何本の直線によって囲まれているかによって呼び名が変わります。2年生では三角形、四角形を学習しますが、直線が増えることで、五角形、六角形、…と図形の世界が大きく広がっていくことを実感できれば、お子さんの興味や関心を引き出すよい機会となるでしょう。

きほん1 ・長方形 ・正方形
⑦…長方形 ⑦…正方形

① ⑦、⑤

② 長方形…⑦、⑨ 正方形…⑤、⑦

**てびき** ① は三角定規の直角の部分をあてがって直角かどうかを調べます。（身近に定規がなければ、紙などを折って直角を作ることもできます。）

② も ① と同様に三角定規の直角の部分をあてがって図形のかどが直角かどうかを調べます。ただし、方眼紙の2直線の交わったところはどこも直角ですから、かどがその部分に重なっている場合は直角かどうかを調べる必要はありません。斜めになっている図形の辺の長さは物差しで測って比べましょう。特に⑤と⑨がそれにあたります。

きほん2 ・直角三角形 直角三角形…⑦（と）⑤

③ ［れい］

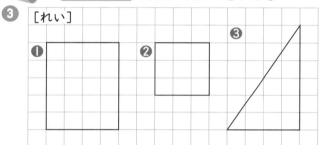

④ 長方形…4 正方形…6
直角三角形…12

**てびき** それぞれについて、回転させると重なるものは、どの場合も4パターンあり、同じものとして下に図示します。（ただし、正方形の左の2つの図は1通りです。）
長方形；1×4＝4

正方形；1＋1＋1×4＝6

直角三角形；1×4＋1×4＋1×4＝12

① ❶

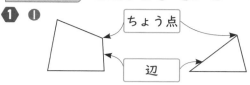
ちょう点
辺

❷ 3つ、3つ

❸ 4つ、4つ

**てびき** ❶ 三角形や四角形の「辺」や「頂点」が、どの部分のことであるか、お子さんと一緒にしっかり確認してください。

❷❸ それぞれの図形の辺と頂点の数を数えて、形が異なる三角形や四角形でも、つねに同じことがいえるということを、覚えておきましょう。

② ❶ 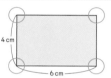 ❷ 20cm

❸ ［れい］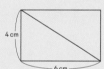

**てびき** ❷ 周りの長さは、縦の辺が4cm、横の辺が6cmだから、4cm＋6cm＋4cm＋6cmと表せます。4cm＋6cm＝10cm、10cm＋4cm＝14cm、14cm＋6cm＝20cmと、順に計算しましょう。

❸ 右の図のように直線をひくこともできます。

③ ❶ 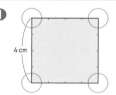 ❷ 16cm

❸ ［れい］  ❹ ［れい］

**てびき** ❷ 周りの長さは、1辺が4cmだから、4cm＋4cm＋4cm＋4cmと表せます。4cmが4つ分だから、4×4＝16より、16cmと求められます。

**1** ❶ 正方形

❷ 直角三角形

❸ 長方形

**てびき** 長方形・正方形・直角三角形それぞれの図形の特徴をしっかり覚えて、間違いなく答えられるようになりましょう。

・長方形…4 つのかどが直角になっている四角形

・正方形…4 つのかどが直角で、4 つの辺の長さが同じ四角形

・直角三角形…1 つのかどが直角になっている三角形

**2** 長方形…㋘

正方形…㋒

直角三角形…㋩(㋣)㋕

**てびき** 方眼紙の 2 直線が交わったところは直角なので、図形のかどが直角かどうかの判断の役に立ちます。また、ますの数を数えることにより、辺の長さを調べることができます。

**3** ［れい］

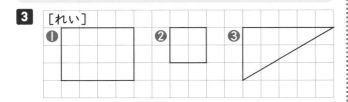

**てびき** それぞれの図形の特徴をしっかりおさえてから、方眼紙のますを利用して、図形をかきます。

定規を方眼紙の直線にきちんとあわせて、三角形や四角形の辺をまっすぐにかくようにしましょう。

---

**見方・考え方を ふかめよう⑶ かっても まけても！**

きほん **1** ❶

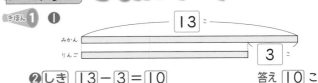

みかん 13こ

りんご 3こ

❷ しき 13－3＝10 答え 10こ

**てびき** 2 つの数の違いを見て考える問題です。どれだけ数が大きいか、または、小さいかがわかっているとき、図を 2 本かくと、数の大小がよくわかります。

「多い」「高い」「少ない」などの言葉だけで判断して計算すると、ミスしてしまうタイプの問題なので、まず、図に表して考えるようにしましょう。

**1** しき 85－25＝60 答え 60 円

**てびき** 問題文を読んで、まず、「わかっていること」と「問われていること」を明確にしましょう。

2 つの数の違いを見る問題では、「どちらが大きいか」を判断して 2 本の図をかきます。

〈わかっていること〉

・消しゴムの値段は 85 円

・消しゴムは鉛筆より 25 円高い
　⇒消しゴムの方が値段が高い

〈問われていること〉

・鉛筆の値段はいくらか

〈図のかき方〉

（i）消しゴムは 85 円

けしゴム 85円

（ii）消しゴムは鉛筆より 25 円高い

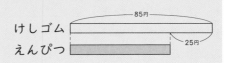

けしゴム 85円

えんぴつ 25円

**2** しき 30＋10＝40 答え 40こ

**てびき** これから学年が上がっていくに従って、図にかいて関係を整理し、考えて式をつくることが必要になってきます。

2 年生のこの時期は、一見難しそうな問題でも、図に表して考えると、関係が整理されて、明確になることを実感することができます。「図にかくとわかりやすいな。」と感じることで、次に難しい問題にあたったときに、「図にかいて考えてみよう。」という意欲を引き出すことができます。

## まとめのテスト

**1**

| オレンジジュース |  | 1 L 5dL |
| グレープジュース |  | 5 dL |

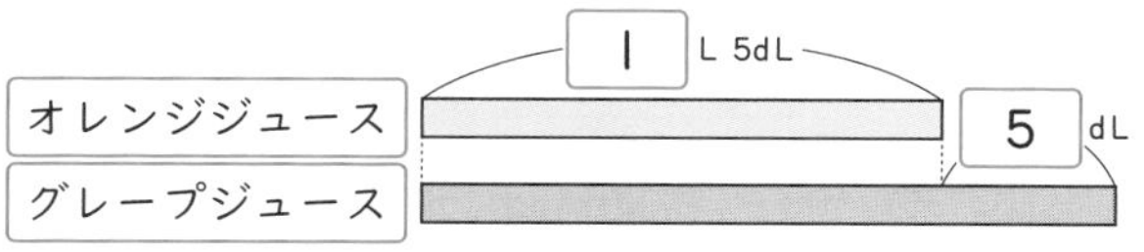

[しき] 1L5dL＋5dL＝2L          答え 2L

[てびき] まず、問題文を整理してから、図をかきましょう。

〈わかっていること〉
・オレンジジュースが1L5dL ある
・オレンジジュースは、グレープジュースより5dL 少ない
 ⇒グレープジュースの方が多い

〈問われていること〉
・グレープジュースは何L か
グレープジュースの方が多いので、オレンジジュースとのかさの違いの5dL をたしてグレープジュースのかさを求めます。
かさのたし算をするときは、同じ単位どうしを計算します。
1L5dL＋5dL で、5dL＋5dL＝10dL より、10dL＝1L だから、1L5dL＋5dL＝2L となります。

**2**

| 赤い 色紙 | 48 まい |
| 青い 色紙 | 16 まい |

[しき] 48－16＝32          答え 32 まい

[てびき] 図からわかるように、青い色紙は、赤い色紙より16枚少ないということになります。
これを式に表すと、48－16＝32 となります。

**3**

| 食パン |  |
| カレーパン | 80 円 | 30 円 |

[しき] 80＋30＝110          答え 110 円

[てびき] 食パンは、80円のカレーパンより30円高いということになります。
これを式に表すと、80＋30＝110 となります。

## ⑬ かけ算の きまり

## きほんのワーク

きほん1

|  | かける数 | | | | | | | | |
|---|---|---|---|---|---|---|---|---|---|
|  | 1 | 2 | 3 | 4 | 5 | 6 | 7 | 8 | 9 |
| **1** | 1 | 2 | 3 | 4 | 5 | 6 | 7 | 8 | 9 |
| **2** | 2 | 4 | 6 | 8 | 10 | 12 | 14 | 16 | 18 |
| **3** | 3 | 6 | 9 | 12 | 15 | 18 | 21 | 24 | 27 |
| **4** | 4 | 8 | 12 | 16 | 20 | 24 | 28 | 32 | 36 |
| **5** | 5 | 10 | 15 | 20 | 25 | 30 | 35 | 40 | 45 |
| **6** | 6 | 12 | 18 | 24 | 30 | 36 | 42 | 48 | 54 |
| **7** | 7 | 14 | 21 | 28 | 35 | 42 | 49 | 56 | 63 |
| **8** | 8 | 16 | 24 | 32 | 40 | 48 | 56 | 64 | 72 |
| **9** | 9 | 18 | 27 | 36 | 45 | 54 | 63 | 72 | 81 |

（左側の縦書き：かけられる数）

❶ かけられる数
❷ かける数

① ❶ 4×7＝4×6＋4
 ❷ 8×5＝8×4＋8
 ❸ 5×9＝9×5
 ❹ 7×3＝3×7

[てびき] かけ算では、「かける数が1増えると、答えはかけられる数だけ増える」ということと、「かけられる数とかける数を入れかえても、答えは同じになる」という2つのきまりは、九九の表を見るとよくわかります。
お子さんと一緒に、いろいろな数について確かめてみましょう。

きほん2 ❶❷❸

|  | かける数 | | | | | | | | |
|---|---|---|---|---|---|---|---|---|---|
|  | 1 | 2 | 3 | 4 | 5 | 6 | 7 | 8 | 9 |
| **1** | 1 | 2 | 3 | 4 | 5 | 6 | 7 | 8 | 9 |
| **2** | 2 | 4 | 6 | 8 | 10 | 12 | 14 | 16 | 18 |
| **3** | 3 | 6 | 9 | 12 | 15 | 18 | 21 | 24 | 27 |
| **4** | 4 | 8 | 12 | 16 | 20 | 24 | 28 | 32 | 36 |
| **5** | 5 | 10 | 15 | 20 | 25 | 30 | 35 | 40 | 45 |
| **6** | 6 | 12 | 18 | 24 | 30 | 36 | 42 | 48 | 54 |
| **7** | 7 | 14 | 21 | 28 | 35 | 42 | 49 | 56 | 63 |
| **8** | 8 | 16 | 24 | 32 | 40 | 48 | 56 | 64 | 72 |
| **9** | 9 | 18 | 27 | 36 | 45 | 54 | 63 | 72 | 81 |

（左側の縦書き：かけられる数）

② ❶ 1×8、2×4、4×2、8×1
 ❷ 3×5、5×3
 ❸ 4×9、6×6、9×4
 ❹ 6×7、7×6
 ❺ 7×8、8×7

[てびき] 九九の表を、さらに、別の角度から見ていくと、答えは同じでも、かけられる数とかける数の組が違うかけ算があることがわかります。
答えが1回しか出てこないものから、2～4回出てくるものがあることを確かめましょう。

③ ❶ 7のだん
　 ❷ 4のだん

**てびき**　「7の段の九九の答えは、3の段の九九と4の段の九九の答えをたしたものになっている」というように、九九を別の九九の合成ととらえる考え方ができることを、九九の表を使って確認しましょう。

**たしかめよう！**

　かけ算では、かける数が　1　ふえると　答えはかけられる数だけ　ふえます。
　また、かけられる数と　かける数を　入れかえて計算しても　答えは　同じに　なります。
　この　2つの　きまりは　とても
たいせつなので、しっかりと　おぼえて　おこう！

## 90ページ　きほんのワーク

**きほん1** ❶ $3 \times \boxed{13}$
　❷
$$3 \times 8 = 24$$
$$3 \times 9 = \boxed{27}$$ 3ふえる
$$3 \times 10 = \boxed{30}$$ 3ふえる
$$3 \times 11 = \boxed{33}$$ 3ふえる
$$3 \times 12 = \boxed{36}$$ 3ふえる
$$3 \times 13 = \boxed{39}$$ 3ふえる
　しき $3 \times 13 = \boxed{39}$　　　　答え $\boxed{39}$ こ

**てびき**　かけられる数やかける数が、九九をこえる数においても、かけ算のきまりは同じです。かける数が1増えると、答えはかけられる数だけ増えるというきまりを使うと、かける数が9より大きいかけ算の答えを求めることができます。

① ❶ $13 + 13 + 13 = \boxed{39}$
　❷
$$13 \times 1 = 13$$
$$13 \times 2 = 26$$ 13ふえる
$$13 \times 3 = \boxed{39}$$ 13ふえる
　❸ $3 \times 13 = \boxed{39}$

**てびき**　かける数が1増えると、答えはかけられる数だけ増えることを使って、九九の考えを広げていきます。13×3が理解できたら、12×4、14×2など、別の式でも同じように考えてみると、理解が深まります。

## 91ページ　まとめのテスト

❶ ❶❷

| | | 1 | 2 | 3 | 4 | 5 | 6 | 7 | 8 | 9 |
|---|---|---|---|---|---|---|---|---|---|---|
| | | \multicolumn{9}{c}{かける数} |
| | 1 | 1 | 2 | 3 | ④ | 5 | 6 | 7 | 8 | 9 |
| か | 2 | 2 | 4 | 6 | 8 | 10 | 12 | 14 | 16 | 18 |
| け | 3 | 3 | 6 | 9 | 12 | 15 | 18 | 21 | ㉔ | 27 |
| ら | 4 | 4 | 8 | 12 | 16 | 20 | 24 | 28 | 32 | 36 |
| れ | 5 | 5 | 10 | 15 | 20 | 25 | 30 | 35 | 40 | 45 |
| る | 6 | ⑥ | 12 | 18 | 24 | 30 | 36 | 42 | 48 | 54 |
| 数 | 7 | 7 | 14 | 21 | 28 | 35 | 42 | 49 | 56 | 63 |
| | 8 | 8 | 16 | 24 | 32 | 40 | 48 | 56 | 64 | 72 |
| | 9 | 9 | 18 | 27 | 36 | 45 | 54 | 63 | 72 | 81 |

❸ 6のだん
❹ かける数が　4の　九九
❺ 16…2×8、4×4、8×2
　 28…4×7、7×4

**てびき**　❸ この九九の表では、㋐のように横に並ぶ数を、「○の段」といい、かけられる数が○の九九が並んでいます。
❹ この九九の表では、㋑のように縦に並ぶ数は、「○の段」とはいわないので、注意しましょう。
❺ 答えは同じでも、かけられる数とかける数の組が違うかけ算があります。
答えが1回しか出てこないものから2〜4回出てくるものがあるので、見落とさないようにしましょう。

❷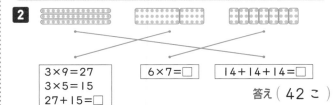

$3 \times 9 = 27$
$3 \times 5 = 15$
$27 + 15 = \square$

$6 \times 7 = \square$

$14 + 14 + 14 = \square$

答え（ 42 こ ）

**てびき**　●が縦に3個、横に14個並んでいるので、3×14の答えを求める方法を考えます。
・左の図は、横に14個並ぶかたまりが3つあるので、14を3個たして求める方法です。
　式に表すと、14＋14＋14となります。
・真ん中の図は、まず、14を9と5に分け、3×9のかたまりと3×5のかたまりをつくります。3の段の九九を使ってそれぞれのかたまりの個数を計算して、最後にたし算で全体の個数を求める方法です。
・右の図は、6のかたまりを7つつくって求める方法です。式に表すと、6×7となります。

## ⑭ 100cm を こえる 長さ

### 92・93ページ きほんのワーク

きほん1
・100cm
・1m=100cm
・100cm+30cm=130cm
・100cm=1m だから、
130cm は 1m30cm です。

❶ ❶ 114cm=1m14cm
❷ 107cm=1m7cm

てびき ❶ 114cm=100cm+14cm と表せて、100cm=1m なので、114cm=1m+14cm だから、1m14cm となります。
❷ 107cm=100cm+7cm と表せて、100cm=1m なので、107cm=1m+7cm だから、1m7cm となります。
107cm を 10m7cm としてしまうミスがよくあります。注意しましょう。

❷ ㋐ 1m6cm
㋑ 1m19cm

てびき 長い物を測るときは、1m の物差しを使うと便利です。いろいろな長さの物差しがあり、用途によって、使い分けるとよいということを知っておきましょう。
❷は、1m とあと何cm あるかを読み取る問題です。
1cm の目もりの間に 5mm の目もりがあるので、数え間違えないよう気をつけましょう。

❸ ❶ 2m
❷ 2cm

てびき m、cm、mm のどれかが入ります。
❶ 本棚の高さとして 2cm、2mm では、あまりに低すぎます。
❷ 図鑑の厚さとして 2m では、厚すぎます。また、2mm では、薄すぎます。

きほん2 ❶ 2m40cm+1m30cm=3m70cm
❷ 2m40cm−1m30cm=1m10cm

てびき m と cm の単位ごとに計算します。
❶ 2m+1m=3m、40cm+30cm=70cm だから、2m40cm+1m30cm=3m70cm
❷ 2m−1m=1m、40cm−30cm=10cm だから、2m40cm−1m30cm=1m10cm

❹ ㋐ 1m20cm
㋑ 1m15cm

てびき 縦、横、高さをたすと、
㋐：45cm+50cm+25cm=120cm
120cm=100cm+20cm と表せて、
100cm=1m だから、
120cm=1m+20cm より、1m20cm となります。
㋑：85cm+10cm+20cm=115cm
115cm=100cm+15cm と表せて、
100cm=1m だから、
115cm=1m+15cm より、1m15cm となります。

❺ ❶ 2m40cm+3m40cm=5m80cm
❷ 4m80cm+10cm=4m90cm
❸ 5m70cm−2m50cm=3m20cm
❹ 2m60cm−2m=60cm

てびき m と cm の単位ごとに計算します。
❶ 2m+3m=5m、40cm+40cm=80cm だから、2m40cm+3m40cm=5m80cm
❷ 80cm+10cm=90cm だから、
4m80cm+10cm=4m90cm
m の単位の計算はしないで、cm の単位だけ計算すればよいので注意しましょう。
❸ 5m−2m=3m、70cm−50cm=20cm だから、5m70cm−2m50cm=3m20cm
❹ 2m−2m=0m だから、
2m60cm−2m=60cm
cm の単位の計算はしないで、m の単位だけ計算します。0m は答えとしては省略されるので、注意しましょう。
また、次のように縦にかいて計算することもできます。

❶
| | | |
|---|---|---|
| | 2m | 40cm |
| + | 3m | 40cm |
| | 5m | 80cm |

❷
| | | |
|---|---|---|
| | 4m | 80cm |
| + | | 10cm |
| | 4m | 90cm |

❸
| | | |
|---|---|---|
| | 5m | 70cm |
| − | 2m | 50cm |
| | 3m | 20cm |

❹
| | | |
|---|---|---|
| | 2m | 60cm |
| − | 2m | |
| | 0m | 60cm |

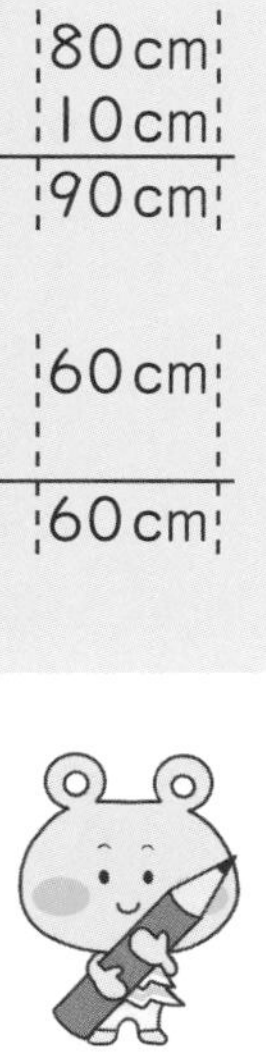

**❶** ❶ 3m30cm　❷ 3m60cm
　❸ 4m80cm　❹ 30cm
　❺ 4m80cm　❻ 8m10cm

**てびき**　長さのたし算・ひき算では、同じ単位の数どうしを計算します。100cm=1m を使って、単位の変換が必要になる場合もあるので、注意しましょう。
❶ テープの長さは、みさきさんが 2m10cm、ゆうまさんが 1m20cm だから、先生は、
2m10cm+1m20cm →
2m+1m=3m、10cm+20cm=30cm だから、
2m10cm+1m20cm=3m30cm となります。
❷ テープの長さは、れんさんが 1m50cm、みさきさんが 2m10cm だから、あわせると、
1m50cm+2m10cm →
1m+2m=3m、50cm+10cm=60cm だから、
1m50cm+2m10cm=3m60cm となります。
❸ ❶より、先生のテープの長さが 3m30cm、れんさんが 1m50cm だから、あわせると、
3m30cm+1m50cm=4m80cm となります。
❹ テープの長さは、れんさんが 1m50cm、ゆうまさんが 1m20cm で、れんさんのテープの方が長いので、長さの違いを求めるには、れんさんのテープの長さからゆうまさんのテープの長さをひきます。
1m50cm−1m20cm →
1m−1m=0m、50cm−20cm=30cm だから、
1m50cm−1m20cm=30cm　ここで、0m は答えとしては省略されるので、注意しましょう。
❺ ❷より、れんさんとみさきさんのテープをあわせた長さは、3m60cm だから、3 人のテープをあわせた長さは、3m60cm とゆうまさんのテープの長さの 1m20cm をたして、
3m60cm+1m20cm=4m80cm
また、先生のテープの長さはみさきさんとゆうまさんのテープをあわせた長さだから、3 人のテープをあわせた長さは、先生とれんさんのテープをあわせた長さと考えられるので、❸より、4m80cm と求めることもできます。
❻ ❺の答えに先生の長さをたせばよいので、
4m80cm+3m30cm → 4m+3m=7m、
80cm+30cm=110cm
110cm=100cm+10cm=1m10cm だから、
4 人のテープをあわせた長さは、
7m+1m10cm=8m10cm

---

**❶** ❶ 100cm=□1□m
　❷ 2m=□200□cm
　❸ 180cm=□1□m□80□cm
　❹ 106cm=□1□m□6□cm

**てびき**　100cm=1m をもとにして、いろいろな長さの単位を変換します。
❷ 2m=1m+1m だから、
2m=100cm+100cm=200cm
❸ 180cm=100cm+80cm
　　　　　=1m+80cm
　　　　　=1m80cm
❹ 106cm=100cm+6cm
　　　　　=1m+6cm
　　　　　=1m6cm

**❷** ❶ 教科書の　あつさ…………　5□mm□
　❷ えんぴつの　長さ…………16□cm□
　❸ ろう下の　はば…………　3□m□

**てびき**　m、cm、mm のどれかが入ります。
❶ 教科書の厚さとして 5m、5cm では、あまりに厚すぎます。
❷ 鉛筆の長さとして 16m では、長すぎます。また、16mm では、短すぎます。
❸ 廊下の幅として 3cm、3mm では、狭すぎます。

**❸** ❶ よこの　長さが　1m（100cm）　長い。
　❷ たての　長さが　30cm　長い。
　❸ けいじばんの　たての　長さが
　1m20cm（120cm）　長い。

**てびき**　まず、単位をそろえて、どちらが長いか比べましょう。2 つの長さの違いは、長い方から短い方をひいて求めます。
❶ 縦：60cm、横：1m60cm=160cm
60＜160 より、横の長さの方が長く、違いは、
160cm−60cm=100cm=1m
❷ 縦：280cm=2m80cm、横：2m50cm より、縦の長さの方が長く、違いは、
2m80cm−2m50cm=30cm
❸ テーブルの横の長さ：1m60cm
掲示板の縦の長さ：280cm=2m80cm より、掲示板の縦の長さの方が長く、違いは、
2m80cm−1m60cm=1m20cm

## ⑮ 1000を こえる 数

**96・97ページ きほんのワーク**

きほん❶ 2724 は、1000 を ②こ 100 を ⑦こ 10 を ②こ 1 を ④こ あわせた 数です。

❶ ❶ 4065　❷ 3182　❸ 1039

**てびき** 漢数字から、数字へ 書きかえるときと、その逆のとき、空位の数（0 がどこかの位にある数のこと）があるとミスが多くなります。低学年のうちは、0 は「ないもの」という感覚が強く、書かない、飛ばしてしまう、という現象が起こりやすいので注意しましょう。
❶ 千の位が 4、十の位が 6、一の位が 5 になります。百の位には 0 を書きます。
❷ 千の位が 3、百の位が 1（一は省略されています。）、十の位が 8、一の位が 2 になります。
❸ 千の位が 1（一は省略されています。）、十の位が 3、一の位が 9 になります。百の位には 0 を書きます。

❷ ❶ 五千六百七十八　❷ 三千九十四　❸ 六千九

**てびき** ❶ 千の位が五、百の位が六、十の位が七、一の位が八になります。
❷ 千の位が三、十の位が九、一の位が四になります。
❸ 千の位が六、一の位が九になります。

❸ ❶ 8030
❷ 9674 は、1000 を ⑨こ、100 を ⑥こ、10 を ⑦こ、1 を ④こ あわせた 数です。

きほん❷ 100 が 20 こで 2000 100 が 3 こで 300 あわせて 2300

❹ 100 が 40 こ　　100 が ②こ あわせて 42 こ

❺ ❶ 6700
❷ 1000 を ⑨こ、100 を 90 こ

❻ 7＋⑥＝13　　700＋600＝1300

**てびき** 「⑥100を こえる 数」のところでも示したように、百円玉や千円札を使って練習しましょう。
また、例えば、3000 は 100 を何個集めた数かを考えるときは、100 にある 0 が 2 つなので、3000 にある 0 を 2 つ消して 30（個）とすればよいと、教えてあげると理解が進むようです。

**98・99ページ きほんのワーク**

きほん❶ ❶ 10000　❷ 9999　❸ 1000
❶ ❶ 10000　❷ 10 こ　❸ 100 こ
❹ 10000　❺ 10000

**てびき** 数が大きくなると、なかなかすっきりと理解できないお子さんが多いようです。
1×10000＝10000、10×1000＝10000、100×100＝10000、1000×10＝10000、10000×1＝10000
となりますから、0 の個数（両辺の 0 の個数の合計が同じになる）に注目して、計算が成り立つことを教えてあげてみてください。

きほん❷ ❶ 100
❷ ア 600　イ 1500　ウ 2800　エ 4400

**てびき** ❶ 0 から 1000 の間を 10 個に分けていて、100 が 10 個で 1000 になるから、いちばん小さい 1 目もりは、100 になります。
❷ ア 0 から 6 目もりなので、600
イ 1000 から 5 目もりなので、1500
ウ 2000 から 8 目もりなので、2800
エ 4000 から 4 目もりなので、4400

❷ ❶

| 5000 | 6000 | 7000 | 8000 | 9000 | 10000 |

6600　8500

❷ 9600 － 9700 － 9800 － 9900 － 10000
❸ 9960 － 9970 － 9980 － 9990 － 10000

**てびき** ❶ 1 目もりは、100 になります。
左 6000 から 6 目もりなので、6600
中 8000 から 5 目もりなので、8500
右 9000 から 10 目もりなので、10000
❷ 100 ずつ増えています。
左 9700 の右隣りなので、9800
右 9900 の右隣りなので、10000
❸ 10 ずつ増えています。
左 9970 の右隣りなので、9980
右 9990 の右隣りなので、10000

❸ ❶ 4903 < 5390　❷ 5749 > 5694
❸ 7945 < 7954

**てびき** ❶ 千の位で比べます。
❷ 千の位は同じなので、百の位で比べます。
❸ 千の位、百の位は同じなので、十の位で比べます。

❶
| 5 | 7 | 0 | 6 |
|---|---|---|---|
| 千のくらい | 百のくらい | 十のくらい | 一のくらい |

**てびき** 　5706 は、1000 を 5 個、100 を 7 個、1 を 6 個あわせた数なので、それぞれの位に、個数を表す数を記入します。
十の位の数字は、0 であることに注意しましょう。

❷ ❶ 3100 　　❷ 45 こ
❸ 1600

**てびき** 　❶ 100 が 10 個で 1000 だから、100 が 30 個で 3000 になります。
31＝30＋1 より、100 が 31 個で、3000＋100＝3100 となります。
❷ 4500 は、100 を何個集めた数かを考えるときは、100 に 0 が 2 つあるので、4500 の 0 を 2 つ消して、45（個）と求めてもよいでしょう。
❸ 100 がいくつあるかで考えます。
700 は 100 が 7 個、900 は 100 が 9 個なので、7＋9＝16 より、700＋900＝1600 となります。お子さんが、何百の計算が難しい場合は、百円玉などにおきかえて考えるとわかりやすいようです。

❸ ❶ 9000 　　　❷ 10000
❸ 94 こ

**てびき** 　❷ 9400 より 600 大きい数を考えます。
9400＋600 は、100 が 94 個と 100 が 6 個をあわせた数だから、94＋6＝100 より、100 を 100 個集めた数、つまり、10000 です。

❹ ❶ 5804 ＞ 4992 　　❷ 7348 ＜ 7483
❸ 6247 ＜ 6274 　　❹ 9999 ＜ 10000

**てびき** 　❶ 千の位で比べます。
❷ 千の位は同じなので、百の位で比べます。
❸ 千の位、百の位は同じなので、十の位で比べます。
❹ 9999 は 4 桁で 10000 は 5 桁なので、桁数で判断します。

❶ ❶ 3827 　　　❷ 7040
❸ 8900 　　　❹ 6429
❺ 8604 　　　❻ 10000

**てびき** 　❶ 1000 が 3 個で 3000、100 が 8 個で 800、10 が 2 個で 20、1 が 7 個で 7 だから、3000 と 800 と 20 と 7 をあわせて 3827 となります。
❷ 1000 が 7 個で 7000、10 が 4 個で 40 だから、7000 と 40 をあわせて 7040 となります。
百の位と一の位に 0 を書くのを忘れないようにしましょう。

❷ ❶ 9754 　❷ 3082 　❸ 4008

**てびき** 　❶ 千の位が 9、百の位が 7、十の位が 5、一の位が 4 になります。
❷ 千の位が 3、十の位が 8、一の位が 2 になります。百の位には 0 を書きます。
❸ 千の位が 4、一の位が 8 になります。百の位と十の位には 0 を書きます。

❸ ❶
| 8800 | | 9100 | | | 9400 |
|---|---|---|---|---|---|

8700　　　8900　9000　　9200　9300

❷ 4980 － 4990 － 5000 － 5010 － 5020 － 5030
❸ 9500 － 9600 － 9700 － 9800 － 9900 － 10000

**てびき** 　❶ 1 目もりは、100 になります。
左 8700 の右の目もりなので、8800
中 9000 の右の目もりなので、9100
右 9300 の右の目もりなので、9400
❷ 10 ずつ増えています。
左 4990 の右隣りなので、5000
中 5000 の右隣りなので、5010
右 5020 の右隣りなので、5030
❸ 100 ずつ増えています。
左 9500 の右隣りなので、9600
中 9700 の右隣りなので、9800
右 9900 の右隣りなので、10000

❹ ❶ 7062 ＜ 7621 　　❷ 5810 ＞ 5801

**てびき** 　❶ 千の位は同じなので、百の位で比べます。
❷ 千の位、百の位は同じなので、十の位で比べます。

## ⑯ はこの 形

### 102・103ページ きほんのワーク

きほん1 ❶ 長方形　❷ 6(つ)　❸ 2(つずつ)

てびき 箱の面の形について、直感的に長方形と予想できるとよいです。それから、実際に三角定規の直角の部分をあてて、「4つのかどが、みんな直角になっている四角形だから長方形」と答えられるようにしましょう。

① ❶ 正方形　❷ 6つ

てびき ❶ 長方形と答えていたら、4つのかどがみんな直角で、4つの辺の長さもみんな同じになっているので、正方形であることを伝えましょう。
また、日常生活で、身のまわりにある箱を写しとって、面の形や数を確かめてみましょう。

② ❶ [12]　❷ [8]つ

てびき ❶ 箱の形には、辺が12あります。
❷ 箱の形には、頂点が8つあります。

きほん2 ❶ 7cm…[4]本 10cm…[4]本 12cm…[4]本
❷ [8]こ

てびき ❶ 図から、7cm、10cm、12cmのひごの数をそれぞれ数えます。数え間違いがないように、数えながら図に印をつけましょう。
❷ 粘土玉の個数をチェックしながら数えます。
箱の形では、辺の数は12、頂点の数は8つになります。

③ ㋑
④ ㋐

てびき 実際にご家庭にある紙などを利用して、ハサミで切りだして組み立ててみると、具体的に理解しやすいです。

⑤ ❶ [5]cm、[12]本　❷ 8こ

てびき 辺が12、頂点が8つあります。さいころの形の場合、辺の長さはすべて同じ長さです。

### 104ページ れんしゅうのワーク

① ㋑

てびき 6つの面がすべて正方形でできているものを選びます。

② ㋐…2つ、㋑…2つ、㋔…2つ

てびき 実際に箱を用意してイメージするとよいでしょう。向かい合う面の形や大きさが同じであることを確認しながら考えましょう。

③ ❶ 3cm…4本、4cm…4本、6cm…4本
❷ 8こ

てびき ❶ 図から、3cm、4cm、6cmのひごの数をそれぞれ数えます。数え間違いがないように、数えながら図に印をつけましょう。
❷ 103ページ きほん2 の粘土玉と同じ個数になります。

### 105ページ まとめのテスト

1

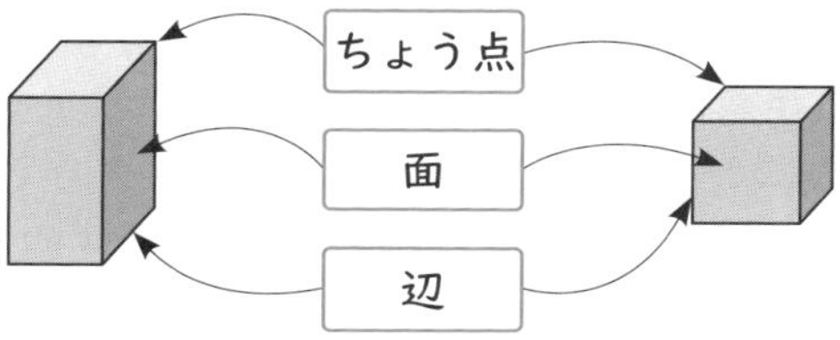


てびき 箱の形やさいころの形では、用語として「頂点」、「辺」、「面」が必ず出てきます。
問題の図のどの部分を指すのかを、しっかり把握しましょう。

2 ㋑

てびき ㋐はさいころの形なので、あてはまりません。㋒には大きな正方形の面がありません。

3 ❶ [8]こ
❷ 6cm…[4]本、7cm…[4]本、10cm…[4]本
❸ 面…[6]つ、同じ　形の　面…[2]つずつ、
辺…[12]、ちょう点…[8]つ

てびき ❸ 辺の長さが6cmと7cmの長方形の面が2つ、7cmと10cmの長方形の面が2つ、10cmと6cmの長方形の面が2つ、すなわち、同じ形の面が2つずつあります。

## ⑰ 分数

 [二]分の一、$\frac{1}{2}$

❶ ⓘ

❷ ❶〔れい〕

❷〔れい〕

❸〔れい〕

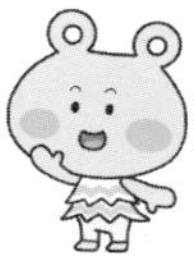

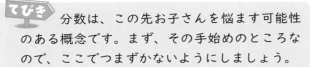

> **てびき**　分数は、この先お子さんを悩ます可能性のある概念です。まず、その手始めのところなので、ここでつまずかないようにしましょう。
>
> 分数$\frac{1}{2}$は、次のように表せます。
>
> $\frac{1}{2}$ ← 1つ分の数の1
> $\frac{1}{2}$ ← 2つに分けた数の2
>
> ひと言でいえば、半分の大きさを表すものということになります。
> ここでは、まだ、「分母」、「分子」、「割合」などという用語は登場しません。
> 図形的にとらえて、2つに分けた同じ大きさの図形の一方という見方で考えます。具体的に、紙などを使って体験するのがよいでしょう。

 [四]分の一、$\frac{1}{4}$ ・分数

❸ ⓐ $\frac{1}{2}$　ⓘ $\frac{1}{4}$　ⓤ $\frac{1}{8}$

❹〔れい〕 $\frac{1}{4}$

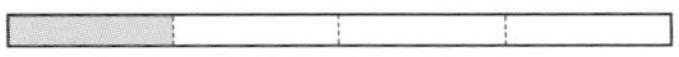

〔れい〕 $\frac{1}{3}$

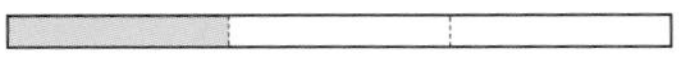

> **てびき**　二分の一、四分の一、八分の一、三分の一を学びます。理解が困難な場合は、1本のひもを半分に切る、折り紙を半分に折る、といった具体物をイメージしてみましょう。
> 半分の半分が、四分の一で、そのまた半分が、八分の一ということです。
>
> 分数$\frac{1}{4}$は、次のように表せます。
>
> $\frac{1}{4}$ ← 1つ分の数の1
> $\frac{1}{4}$ ← 4つに分けた数の4
>
> ほかの分数も同様です。

**34**

---

## 108 ページ　きほんのワーク

 ❶ ⓛ$12$こ　　❷ ⓛ$18$こ

> **てびき**　❶ 図より、2つに分けた1つ分は
> 3×4＝12で、12個になります。
> ❷ 図より、2つに分けた1つ分は
> 3×6＝18で、18個になります。

 ❶ ❶8こ　　　❷ 12こ

> **てびき**　❶ 右の図のように分けると、3つに分けた1つ分は1×8＝8で、8個になります。
> ❷ 右の図のように分けると、3つに分けた1つ分は1×12＝12で、12個になります。

## 109 ページ　まとめのテスト

**1** ⓐ $\frac{1}{2}$　　ⓘ $\frac{1}{4}$　　ⓤ $\frac{1}{4}$

> **てびき**　実際に正方形の紙を切って重ね合わせてみると、理解が深まります。
> ⓐは、同じ大きさの直角三角形2つに、ⓘは、同じ大きさの長方形4つに、ⓤは、同じ大きさの正方形4つに分けています。

**2** ❶ $\frac{1}{4}$　　❷ $\frac{1}{2}$　　❸ $\frac{1}{8}$

> **てびき**　❶もとのテープを4つに折ったうちの1つなので、$\frac{1}{4}$になります。
> ❷もとのテープを2つに折ったうちの1つなので、$\frac{1}{2}$になります。
> ❸もとのテープを8つに折ったうちの1つなので、$\frac{1}{8}$になります。

**3** ❶ 15こ　　　❷ 10こ

> **てびき**　❶ 右の図のように分けると、2つに分けた1つ分は5×3＝15で、15個になります。
> ❷ 右の図のように分けると、3つに分けた1つ分は5×2＝10で、10個になります。

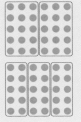

## もう すぐ 3年生

**まとめのテスト❶**

**1** 5300−5400−⬜5500⬜−⬜5600⬜−5700−
　　　　　5800−⬜5900⬜−⬜6000⬜

100 ずつ増えています。
5400 の右隣りは、5400 より 100 大きい 5500
5500 の右隣りは、5500 より 100 大きい 5600
5800 の右隣りは、5800 より 100 大きい 5900
5900 の右隣りは、5900 より 100 大きい 6000
になります。

**2** ❶ 37+3=⬜40⬜
　　❷ 48+8=⬜56⬜
　　❸ 82−3=⬜79⬜

❶
❷ 48 に 2 をたすと 50 となるから、48+8 は、
8 を 2+6 と考えて、48+2=50、50+6=56
と計算します。
❸ 82−3 の 82 を 80 と 2 に分けます。
80−3=77 となるから、これに 2 をたして、
77+2=79 と計算します。

**3**
```
❶    4 8   ❷    2 7   ❸    9 4   ❹  1 0 2
   + 4 5      + 7 3      − 6 8      −   5 6
     9 3      1 0 0      2 6         4 6
```

筆算は、位をそろえて書き、一の位から
順に計算します。くり上がりやくり下がりに注
意しましょう。
❶ 一の位から十の位へのくり上がりのあるた
し算です。
❷ くり上がりが 2 回あるたし算です。くり上
げた 1 を忘れないようにしましょう。
また、一の位や十の位の 0 の書き忘れに注意し
ましょう。
❸ 十の位から一の位へのくり下がりのあるひ
き算です。
❹ くり下がりが 2 回あるひき算で、百の位か
ら順にくり下げます。計算ミスをしやすいので
気をつけましょう。

**4** ❶ 3×7=⬜21⬜
　　❷ 8×2=⬜16⬜
　　❸ 6×9=⬜54⬜

九九は、次の学年の学習の重要な基礎と
なります。うろ覚えで、不安がある場合は、く
り返し声に出して唱え、2 年生のうちにしっか
り身につけておきましょう。

**5** ⬜しき⬜ 4×5=20、20+50=70　　答え 70 円

言葉の式で表すと、
（色紙 5 枚の代金）+（消しゴム 1 つの代金）
=（合計の代金）です。
1 枚 4 円の色紙 5 枚の代金は、
4×5=20（円）だから、
50 円の消しゴム 1 つの代金とあわせて、
20+50=70 より、70 円となります。

**6** ❶ ⬜35⬜ mm
　　❷ ⬜1⬜ m ⬜42⬜ cm
　　❸ ⬜4000⬜ mL
　　❹ ⬜2⬜ L ⬜7⬜ dL

❶ 1cm=10mm より、
3cm=30mm だから、
3cm5mm=30mm+5mm
　　　　=35mm
❷ 142cm=100cm+42cm
100cm=1m だから、
142cm=1m+42cm
　　　=1m42cm
❸ 1L=1000mL だから、4L=4000mL
❹ 10dL=1L より、20dL=2L だから、
27dL=20dL+7dL
　　　=2L+7dL
　　　=2L7dL

**7** ⬜9⬜ cm ⬜8⬜ mm

大きい目もり 9 個分で 9cm、
小さい目もり 8 個分で 8mm だから、
あわせて 9cm8mm です。
数え間違いのないように、印をつけるなどの工
夫をしながら、目もりを数えましょう。

## まとめのテスト❷

**1** 50分

> **てびき** 左の時計の時刻から何分たつと、右の時計の時刻になるかを考えます。
> 10時10分から50分たつと11時になるので、サッカーをしていた時間は、50分です。
> 時刻と時間を混同しないよう、きちんと復習をしておきましょう。

**2**

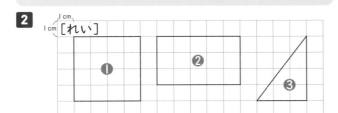

> **てびき** それぞれの図形の特徴をきちんと確認して、方眼紙のマス目にあわせて、丁寧に図形をかきましょう。
> ❶ 正方形…4つのかどが直角で、4つの辺の長さが同じ四角形
> ❷ 長方形…4つのかどが直角になっている四角形
> ❸ 直角三角形…1つのかどが直角になっている三角形

**3** **しき** 39−14=25　　　答え 25まい

> **てびき** 式はひき算になります。
>

**4** **しき** 15−8=7、7+13=20　　　答え 20こ

> **てびき** 上の答えは、増えたり減ったりする数を順番に計算していますが、3つ以上の数の計算で、増えたり減ったりする数をまとめて考えると、計算が簡単になることがあります。
>
> まとめて考えるときの式は、
> 13−8=5、15+5=20 となります。
> 順番に計算しても、まとめて考えても計算の答えは同じになることを、お子さんと一緒に確認して、どちらの方が計算しやすいか話し合ってみるとよいでしょう。

## わくわく プログラミング

## 学びのワーク

**きほん1** ❶ ①1 → ② → ①2

❷ ①1 → ② → ①4 → ③ → ① 2

> **てびき** ❷ ⑦→⑦→⑦の順に、最も少ない命令で行くには ──→ のように行きます。
> 同じ距離の移動で、──→ のように行くこともできますが、車の初めの向きが↑のため、──→ の場合は、1回多く方向転換する必要があり、最も少ない命令という条件にあてはまりません。
>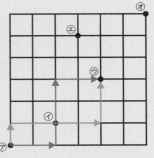

❶ ①1 → ② → ①3 → ③ → ① 5 → ② → ① 3

> **てびき** ⑦→⑦→⑦→⑦の順に、最も少ない命令で行くには ──→ のように行きます。
> 同じ距離の移動で、──→ のように行くこともできますが、車の初めの向きが↑のため、──→ の場合は、1回多く方向転換する必要があり、最も少ない命令という条件にあてはまりません。
>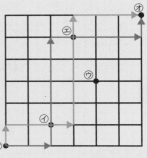
> 「プログラミング」というと、何か難しいことのように感じるかもしれませんが、この問題のように、簡単な指示で物を動かすようなプログラミングであれば、ゲーム感覚で気軽に楽しめるお子さんが多いのではないでしょうか。
> 頭の中だけで考えるのが難しい場合は、実際に紙を車や矢印の形に切り抜いて、方眼紙の上で動かしてみるとよいでしょう。
> また、ある地点からある地点まで行く方法は、何通りもあります。「最短のコースはどれか」を考えたり、車を動かす距離が同じでも、プログラムの長さが違う場合もありますので、「できるだけ少ない命令で目的地に行くにはどうしたらよいか」など、お子さんと楽しみながら考えてみてください。

## 夏休みのテスト①

**1** くだものの　数しらべ

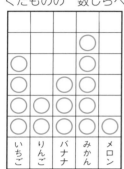

| | | | | ○ |
| --- | --- | --- | --- | --- |
| ○ | | | | ○ |
| ○ | | ○ | | ○ |
| ○ | ○ | ○ | | ○ |
| ○ | ○ | ○ | ○ | ○ |
| い<br>ち<br>ご | り<br>ん<br>ご | バ<br>ナ<br>ナ | み<br>か<br>ん | メ<br>ロ<br>ン |

**てびき** もれやダブリのないように、数えたものには✓（チェック印）をつけておくとよいです。また、グラフのかき方は、3年生の棒グラフの学習につながります。

くだものの　数しらべ

| くだもの | いちご | りんご | バナナ | みかん | メロン |
| --- | --- | --- | --- | --- | --- |
| 数<br>（こ） | 4 | 2 | 3 | 5 | 1 |

**2** ❶ 午前 8 時 55 分　　❷ 午前 8 時

**てびき** ❶ 午前 8 時 25 分の 30 分後は、25＋30＝55 より、午前 8 時 55 分です。
❷ 午前 8 時 25 分の 25 分前は、25－25＝0 より、午前 8 時です。

**3** あ　1 cm 7 mm
　　い　10 cm 6 mm

**4** ❶ 13 こ分　　❷ 1 L

**てびき** ❶ 1 L＝10 dL なので、1 L 3 dL＝10 dL＋3 dL で、10 dL＋3 dL＝13 dL となるから、1 dL の 13 個分となります。
❷ 1 L＝1000 mL や 1 dL＝100 mL など、単位の関係は、しっかり覚えておきましょう。

**5** ❶ 885　❷ 895　❸ 900　❹ 910

880　　890　　905　　915

**てびき** 1 目もりは 5 を表します。
❶ 880 より 5 大きい数だから、885
❹ 905 より 5 大きい数だから、910
となります。

**6**
❶　　5 1
　＋3 6
　　8 7

❷　　2 9
　＋4 7
　　7 6

❸　　6 7
　＋1 3
　　8 0

❹　　　　8
　＋7 5
　　8 3

❺　　7 6
　－4 3
　　3 3

❻　　5 2
　－2 4
　　2 8

❼　　8 0
　－3 1
　　4 9

❽　　6 4
　－5 7
　　　　7

## 夏休みのテスト②

**1** ❶ ひまわり　　❷ 3 人

**てびき** ❶ ○の数がいちばん多いのは、ひまわりの 5 人です。
❷ カーネーションとすずらんの○の数の違いから読み取ります。

**2** ❶ 午前 6 時 45 分
　　❷ 午後 2 時 57 分

**てびき** 短い針で「時」を読み、長い針で「分」を読みます。❶は朝なので午前、❷は昼なので午後をつけます。

**3** ❶ 4 cm 9 mm　　❷ 12 cm 1 mm
　　❸ 10 cm

**てびき** 同じ単位どうしを計算します。
❶ 1 cm＋3 cm＝4 cm、7 mm＋2 mm＝9 mm より、1 cm 7 mm＋3 cm 2 mm＝4 cm 9 mm
❷ 18 cm－6 cm＝12 cm、5 mm－4 mm＝1 mm より、18 cm 5 mm－6 cm 4 mm＝12 cm 1 mm
❸ 4 mm＋6 mm＝10 mm＝1 cm だから、9 cm 4 mm＋6 mm＝9 cm＋1 cm＝10 cm

**4** ❶ 1 L 1 dL（11 dL）
　　❷ 2 L 3 dL（23 dL）

**てびき** ❶は、1 dL ますで 11 個分だから、11 dL です。また、11 dL＝1 L 1 dL です。
❷は、1 L ますで 2 はい分と 1 L ますの小さい目もり 3 つ分です。1 L ますの小さい 1 目もりは、1 dL を表しています。

**5** ❶ 5、8、1　　❷ 270

**てびき** ❶ 581＝500＋80＋1 と表せます。500 は 100 が 5 個、80 は 10 が 8 個、1 は 1 が 1 個で、581 はこれらをあわせた数になります。

**6**
❶　　2 3
　＋4 5
　　6 8

❷　　5 3
　＋2 9
　　8 2

❸　　1 8
　＋6 2
　　8 0

❹　　4 7
　＋　 8
　　5 5

❺　　8 9
　－3 4
　　5 5

❻　　6 4
　－1 9
　　4 5

❼　　7 0
　－2 6
　　4 4

❽　　9 1
　－8 7
　　　　4

**1** ❶ 9+27+3
→ 9+(27+③)→ 9+③⓪=③⑨
❷ 6+35+5
→ 6+(35+⑤)→ 6+④⓪=④⑥
❸ 4+42+16 → 42+4+16
→ 42+(4+⑯)→ 42+②⓪=⑥②

 一の位の数字の和が10になるものを見つけて計算をすると、計算が簡単になります。
❶ 7+3=10　　❷ 5+5=10
❸ 4+6=10となるから、4と16が隣り合うように式を変形します。○+△=△+○が成り立つことを使います。4+42=42+4となるから、4+42+16=42+4+16として、あとは、❶、❷と同様に計算します。

**2** ❶ 2×3(=6)　　❷ 4×5(=20)
❸ 5×7(=35)

「1つ分の数」や「いくつ分」など、式の意味を理解しましょう。
❶ 2 × 3 = 6
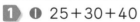

**3** ❶ ③つ　　❷ ④つ

❶ 三角形には、頂点が3つ、辺が3つあります。
❷ 四角形には、頂点が4つ、辺が4つあります。

**4** ❶
```
   6 7
 + 7 5
 1 4 2
```
❷
```
   5 4
 + 4 8
 1 0 2
```
❸
```
 1 7 3
 -   8 6
     8 7
```
❹
```
 1 0 5
 -   4 7
     5 8
```

**5** ❶ 14　　❷ 45　　❸ 32　　❹ 54
❺ 32　　❻ 30　　❼ 21　　❽ 27

## 冬休みのテスト②

**1** ❶ 25+30+40
→ 25+(30+40) → 25+70=95
❷ 7+48+2
→ 7+(48+2) → 7+50=57
❸ 39+7+11 → 7+39+11
→ 7+(39+11) → 7+50=57
❹ 14+35+26 → 35+14+26
→ 35+(14+26) → 35+40=75

❶ 30+40を先に計算します。
❷～❹ 一の位の数字の和が10になるものを見つけて計算をすると、計算が簡単になります。
❷ 8+2=10
❸ 9+1=10となるから、39と11が隣り合うように式を変形します。39+7=7+39となるから、39+7+11=7+39+11として、あとは、7+39+11 → 7+(39+11) → 7+50=57と計算します。
❹ 4+6=10となるから、14と26が隣り合うように式を変形します。14+35=35+14となるから、14+35+26=35+14+26として、あとは、❸と同様に計算します。

**2** ❶ 3ばい　　❷ 12cm

❷ 4×3=12で、4cmの3つ分の長さは12cmとなります。

**3** ❶ しき [れい]6×3=18、2×3=6
18+6=24　　答え 24こ
❷ しき [れい]5×4=20、3×4=12
20+12=32　　答え 32こ

次の図のように、いくつかの●を移動させるなどの方法で数えることもできます。

❶ 4×6=24
❷ 4×8=32

**4** ㋐長方形　　㋑直角三角形
㋒正方形　　㋓長方形

㋐・㋓は、4つのかどがみんな直角になっているので、長方形です。
㋑は、直角のかどがある三角形なので、直角三角形です。
㋒は、4つのかどがみんな直角で、4つの辺の長さがみんな同じなので、正方形です。

**5** ❶
```
   7 6
 + 8 7
 1 6 3
```
❷
```
   3 5
 + 6 9
 1 0 4
```
❸
```
 1 4 2
 -   5 8
     8 4
```
❹
```
 1 0 3
 -   3 6
     6 7
```

**6** ❶ 24　　❷ 64　　❸ 4　　❹ 63

## 学年末のテスト①

**1** ❶ 9250　　　　❷ 4513

**てびき**　❶ 1000が9個、100が2個、10が4個、1が10個あります。1が10個で10にくり上がることに気をつけましょう。

**2** ❶ 390　　　　❷ 8000
　　❸ 900　　　　❹ 10000

**3** ❶ $\frac{1}{2}$　　　　❷ $\frac{1}{3}$

**てびき**　❶ もとの大きさを同じ大きさに2つに分けたうちの1つ分なので、二分の一です。
❷ もとの大きさを同じ大きさに3つに分けたうちの1つ分なので、三分の一です。

**4** ❶ 1m=☐100☐cm
　　❷ 36mm=☐3☐cm☐6☐mm
　　❸ 5cm7mm=☐57☐mm
　　❹ 480cm=☐4☐m☐80☐cm
　　❺ 1L=☐1000☐mL
　　❻ 1L=☐10☐dL

**てびき**　1m=100cm、1cm=10mm、1L=1000mL、1L=10dL から考えます。
❶ 1m=100cm
❷ 36mm=30mm+6mm で、30mm=3cm なので、30mm+6mm=3cm6mm となります。
❸ 5cm=50mm なので、5cm7mm=50mm+7mm で、50mm+7mm=57mm となります。
❹ 480cm=400cm+80cm で、400cm=4m なので、400cm+80cm=4m80cm となります。
❺ 1L=1000mL
❻ 1L=10dL

**5** ❶ 25　　❷ 48　　❸ 28　　❹ 8
　　❺ 27　　❻ 42　　❼ 12　　❽ 12
　　❾ 18　　❿ 63

**6** 6×8、8×6

## 学年末のテスト②

**1** ❶ 1時間40分▷90分
　　❷ 456◁465
　　❸ 700☰1000−300
　　❹ 8m◁800cm+10mm
　　❺ 6cm2mm☰62mm
　　❻ 230dL▷2L3dL

**てびき**　1時間=60分、1m=100cm、1cm=10mm、1L=10dL から考えます。
❶ 1時間40分=60分+40分=100分なので、100分>90分 となります。
❷ 百の位の数が同じなので、十の位の数の大きさで比べます。5<6 なので、456<465 となります。
❸ ひき算を計算して、1000−300=700 となるから、700=700 となります。
❹ 10mm=1cm で、たし算を計算して、800cm+10mm=800cm+1cm=801cm となります。8m=800cm となるので、800<801 となります。
❺ 6cm=60mm で、6cm2mm=60mm+2mm=62mm となるので、62=62 となります。
❻ 2L=20dL で、2L3dL=20dL+3dL=23dL となるので、230>23 となります。

**2** ❶ ☐8400☐　❷ ☐9200☐　❸ ☐10000☐

**てびき**　1目もりは100を表します。
❶ 8000から4目もり右なので、8000より400大きい8400です。
❷ 9000から2目もり右なので、9000より200大きい9200です。
❸ 9000から10目もり右なので、9000より1000大きい10000です。

**3** ❶ 8つ　　　❷ 4つ
　　❸ 2つ

**てびき**　箱の形には、辺が12、頂点が8つあることを押さえます。面は6つあり、向かい合った面は、同じ形であることにも気づきましょう。

**4** ❶（500）mL　　❷（12）m
　　❸（2）L　　　　❹（60）cm

**5**
❶　　58　　　❷　 324　　　❸　　　6
　　＋75　　　　　＋ 53　　　　　＋239
　──────　　　──────　　　──────
　　133　　　　　 377　　　　　 245

❹　 148　　　❺　 458　　　❻　 913
　　－ 62　　　　　－ 56　　　　　－　7
　──────　　　──────　　　──────
　　 86　　　　　 402　　　　　 906

**39**

## まるごと 文章題テスト ①

**1**

のこり ( 7 ) m ── つかった ( 13 ) m
買った □ m

[しき] 7＋13＝20　　　　　　答え 20 m

[てびき] まず、（ ）に数を書き入れてテープ図を完成させ、考えを整理します。
（残りの長さ）＋（使った長さ）＝（買った長さ）になります。

**2** [しき] 54－47＝7

答え 赤い 色紙が 7まい 多い。

[てびき] 「どちらが何枚多いか？」は、違いを求めるので、多い方から少ない方をひいて求めます。
（赤い色紙の枚数）－（青い色紙の枚数）＝（枚数の違い）になります。

**3** [しき] 50＋18＝68　　　　　答え 68まい

[てびき] ひき算にしてしまう間違いが多いです。

**4** [しき] 120－26＝94　　　　答え 94こ

[てびき] あわせた数が全体の 120 個で、その一部が 26 個なので、ひき算になります。
（あわせた個数）－（アルミ缶の個数）＝（スチール缶の個数）になります。

**5** [しき] 68＋42＝110　　　　答え 110本

[てびき] 「全部で何本か？」なので、合計の本数を求めます。
（鉛筆の本数）＋（ボールペンの本数）＝（全部の本数）になります。

**6** [しき] 25－3＋7＝29
（または、7－3＝4　25＋4＝29）

答え 29人

[てびき] 話の順に式をつくっていきます。または、3人帰って7人来たから、7－3＝4で、初めの 25 人から4人増えたと考えることもできます。

**7** [しき] 5×6＝30　　　　　　答え 30 さつ

[てびき] 1つ分の数は 5、いくつ分が 6 だから、全部の数は 5×6 で求められます。

---

## まるごと 文章題テスト ②

**1**

のこりの 数 ( 15 ) こ ── 食べた 数 □ こ
はじめの 数 ( 24 ) こ

[しき] 24－15＝9　　　　　　答え 9こ

[てびき] まず、（ ）に数を書き入れてテープ図を完成させ、考えを整理します。
（初めの個数）－（残りの個数）＝（食べた個数）になります。

**2** [しき] 47＋75＝122　　　　答え 122まい

[てびき] 「全部で何枚か？」なので、合計の枚数を求めます。
（初めの枚数）＋（もらった枚数）＝（全部の枚数）になります。

**3** [しき] 7×5＝35　　　　　　答え 35人

[てびき] （1つの長いすに座る人数）×（長いすの数）＝（座ることのできる人数）になります。

**4** [しき] 67－26＝41

答え 子どもが 41人 多い。

[てびき] 「違い」を求めるときは、多い方から少ない方をひきます。

**5** [しき] 47－12＝35　　　　答え 35 ページ

[てびき] （今日読んだページ数）＝（昨日読んだページ数）＋12 だから、（昨日読んだページ数）＝（今日読んだページ数）－12 になります。

**6** [しき] 135＋48＝183　　　　答え 183 円

[てびき] ノートとえんぴつの合計金額を求めるので、式は 135＋48 になります。

**7** [しき] 12＋6＋14＝32　　　答え 32 さつ

[てびき] 「全部で何冊か？」なので、それぞれの冊数の合計になります。
12＋（6＋14）→ 12＋20＝32 と工夫して計算することもできます。